Hans-Werner Franz / Ralf Kopp

Kollegiale Fallberatung

EHP - PRAXIS

Hg. von Andreas Kohlhage

Die Herausgeber

Hans-Werner Franz; Jg. 1947, Senior Researcher und Berater, Mitglied der Gemeinsamen Leitung am Landesinstitut Sozialforschungsstelle Dortmund als Geschäftsführer von soziale innovation research & consult GmbH. Wichtigste Fachgebiete: Entwicklung beruflicher Aus- und Weiterbildungssysteme, Humanressourcen-Entwicklung, Organisationsentwicklung, kooperative Arbeitssysteme, Qualitätsmanagement (franz@sfs-dortmund.de)

Ralf Kopp; Jg. 1961, leitet den Forschungsbereich »Organisationsentwicklung und Beratung in der Netzwerkökonomie« am Landesinstitut Sozialforschungsstelle Dortmund. Er hat zahlreiche Forschungs- und Beratungsprojekte in Unternehmen durchgeführt und dort in den verschiedensten Kontexten die Kollegiale Fallberatung eingesetzt (kopp@sfs-dortmund.de)

Hans-Werner Franz / Ralf Kopp

Kollegiale Fallberatung

State of the Art und organisationale Praxis

EHP
– 2003 –

Johannesstraße 22, 51465 Bergisch Gladbach

Redaktion: Maria Michels-Kohlhage

Bibliografische Information der Deutschen Bibliothek
Die Deutsche Bibliothek verzeichnet diese Publikation in der Deutschen Nationalbibliografie; detaillierte Daten sind im Internet über http://dnb.ddb.de abrufbar

Umschlagentwurf: Gerd Struwe
– unter Verwendung seines ›Automatischen Zeichners‹ –

Satz: MarktTransparenz Uwe Giese, Berlin

Druck und Verarbeitung: DD AG, Frensdorf

ISBN 3-89797-023-6

Inhalt

Vorbemerkung

Erfahrung ist nicht etwas, was uns begegnet.
Sie ist, was wir aus dem, was uns begegnet, machen.
Aldous Huxley

Wir sind bei unserer Arbeit im Kontext von Organisations- und Personalentwicklung immer wieder dem Phänomen begegnet, dass entgegen allen modischen Schlagworten, die eine stärkere Berücksichtigung des Knowhows des Experten »Mitarbeiter« in Optimierungs-, Modernisierungs- und Innovationsprozessen implizieren, methodisch aufwändige beratergetriebene Problemlösungen den organisationellen Alltags dominieren. Wenn der Ruf der Praktiker nach stärkerer Berücksichtigung ihres Erfahrungswissens jedoch ungehört verhallt, bleibt die Ernüchterung über den geringen Erkenntniszuwachs bzw. über die mangelnde Brauchbarkeit dessen, was die teuren Berater als ihrer Weisheit letzten Schluss präsentieren, selten aus. Angesichts von Resultaten, die das Gefühl hinterlassen, das hätte man selbst besser gewusst, wächst verständlicherweise unter Führungskräften im mittleren und gehobenen Management das Unbehagen an fehlenden leicht einsetzbaren Methoden und Instrumenten, die eigenen Wissensressourcen bedarfsgerecht zu mobilisieren und zu bündeln.

Die Kollegiale Fallberatung ist keine Methode wie jede andere! Ihr hoher praktischer Nutzen, ihre vielseitige Anwendbarkeit, ihre leichte Verständlichkeit und ihre schnelle Verfügbarkeit sind uns immer wieder von Managern, Personalentwicklern, Organisationsentwicklern und Prozessbegleitern, aber auch von Trainern und Coaches bestätigt worden. Die überraschend hohe Resonanz auf einen Zeitschriftenaufsatz, in dem wir die Methode vorstellten, und das sehr gute Abschneiden in einem neutralen Ranking[1] sowie die Begeisterung, die sie auslöst, hat uns zu einer systematischeren Darstellung bewogen, in der das Spektrum der verschiedenen Formen, Einsatzmöglichkeiten und Vorgehensweisen beschrieben wird.

Die Kollegiale Fallberatung ist eine Form gegenseitiger beruflicher Beratung in einem von Kollegen selbst geleiteten Beratungsprozess. Die Kollegiale Fallberatung eignet sich hervorragend zur problemorientierten Wissensintegration und mobilisiert Know-how in verschiedensten Praxisgemeinschaften (innerhalb und zwischen Teams, Funktionsgruppen, Abteilungen, Arbeitskreisen, Netzwerken, Erfahrungsrunden). Auch im Bereich der Problemlösung und zur Bearbeitung von Konflikt-, Spannungs- und Belastungssituationen ist diese Methode einsetzbar. Sie unterstützt das Nachdenken in schwierigen Leitungs- und Entscheidungssituationen und trägt so zu erfolgreichen persönlichen Entwicklungsprozessen bei.

Im Kern handelt es sich bei der Kollegialen Fallberatung schlicht um eine strukturierte Form der Fallbesprechung im Rahmen einer Sitzung, eines Meetings, Seminars oder Erfahrungsaustauschs, bei denen die Anwesenden verschiedene Rollen (Fallgeber, Berater, Prozessbeobachter, Moderator) übernehmen. Anhand von einigen knappen Leitfragen und Beobachtungsvorgaben an die Rollenträger können Fälle in einem Zeitrahmen von ca. 30 bis 90 Minuten ertragreich bearbeitet werden. Im Sinne eines Prozesscoachings können »follow-ups« durchgeführt werden, in denen das Beraterteam ein Monitoring der vereinbarten Problemlösungsschritte durchführt und die Lösungsschritte modifiziert bzw. vorantreibt. In der Methode ist ein Reflexionsschritt zur Bewertung der Zufriedenheit mit der Problemlösung, mit dem persönlichen Beitrag dazu und mit der Zusammenarbeit des Teams vorgesehen, so dass sich die Qualität der Ergebnisse mit zunehmender Routinisierung des Einsatzes von kollegialen Fallberatungen noch deutlich erhöht.

Wir haben die Kollegiale Fallberatung für den interessierten Leser inhaltlich so aufbereitet und mit Materialien versehen, dass nach der Lektüre alle Voraussetzungen gegeben scheinen, beim nächsten Meeting den »Selbstversuch« zu wagen. Doch ist Vorsicht angebracht! Auch wenn der Charme der Methode in ihrer Einfachheit und Plausibilität liegt, auch wenn sie schnell in »Eigenregie« durchgeführt werden kann und soll: Der Teufel steckt im Detail. Für eine kurze Anfangsphase mag es ratsam sein, auf Einweisung und Unterstützung durch einen erfahrenen Trainer nicht zu verzichten. Er wird mit Ihnen sofort an geeigneten Fällen (!) aus Ihrer Praxis arbeiten und Sie zum vielfältigen und sicheren Einsatz der Methode befähigen, aber auch die Grenzen der Methode und die zur Selbstanwendung ungeeigneten Fälle aufzeigen. Für Fragen und Anregungen wenden Sie sich bitte an die Sozialforschungsstelle Dortmund unter tusk@sfs-dortmund.

Das Buch gliedert sich in drei Teile. Im **ersten Teil** werden die **Grundlagen** der Kollegialen Fallberatung vermittelt. So geht der Beitrag von Rimmasch auf die Grundlagen, die Herkunft und Einsatzmöglichkeiten des Verfahrens ein. Der Beitrag kann als Einführung gelesen werden, beantwortet häufig gestellte grundsätzliche Fragen und gibt gleichzeitig einen guten Überblick über die aktuelle Literatur zum Thema. Daran anschließend erfolgt durch Kopp/Vonesch eine ausführliche Darstellung der Methode, die, ergänzt durch eine Vielzahl von Materialien, sehr nah an die Details der Durchführung der Kollegialen Fallberatung heranführt. Der Beitrag von Veith akzentuiert dagegen stärker theoretische Hintergrundüberlegungen zum Verhältnis von Lernkultur und Kollegialer Fallberatung in der Erwachsenen- und Weiterbildung.

Im **zweiten Teil** erfolgt die Darstellung **von Variationen der Methode im Kontext von praktischen Beispielen**. So stellt Franz die Kollegiale Fallberatung als Bestandteil überbetrieblicher Beratungs- und Qualifizierungsprozesse dar und zeigt nebenbei, wie hier auch die *six thinking hats* nach de Bono zum integrierten Einsatz kommen können. Heinold-Krug erläutert Verwendungsmöglichkeiten zur Unterstützung der Einführung von Qualitätsmanagementsystemen und zeichnet einen konkreten Fall nach. Billing zeigt, wie die Kollegiale Fallberatung als didaktisches Verfahren in Change-Management-Seminaren für Führungskräfte und Manager bspw. von BMW, Daimler/Chrysler oder Sony eingesetzt wird. Galler beschreibt faszinierende weitere Einsatzmöglichkeiten der Kollegialen Fallberatung bspw. als Instrument der Beraterweiterbildung im Rahmen eines Meetings von ca. 100 TeilnehmerInnen, als Instrument für Projekt-Reviews oder als Instrument zur Ausbildung junger Consultants. Diese Einsatzmöglichkeiten lassen sich hervorragend auch in die betriebliche Praxis anderer Organisationen übertragen. Einen an der von Galler beschriebenen Großgruppenintervention eher bescheidenen Rahmen bildet die Skizze von Weinmann, in der die Kollegiale Fallberatung im Rahmen eines Seminars als »nur« 30-minütige Sequenz eines Reflecting-Teams beschrieben wird. Höher schließlich beschreibt mit KFB *plus* eine erweiterte Form der Anwendung dieser Methode im Rahmen eines Beratungsprozesses.

Insgesamt sind den Variationen der Einsatzmöglichkeiten kaum Grenzen gesetzt. Auch wenn wir in der »Aneignungsphase« der Methode dafür plädieren, sich an den Standards zu orientieren, so kann zu einem späteren Zeitpunkt davon abgewichen werden. So haben wir erlebt, wie eine besonders schlanke Variante der Kollegialen Fallberatung im Rahmen eines knapp 30-minütigen Zwiegesprächs (Fallgeber und ein Berater), welches sich zwar an der Grundstruktur orientierte, ansonsten aber vieles außer Acht ließ, durchaus beeindruckende Ergebnisse zustande brachte.

Im **dritten Teil** haben wir **Materialien** zusammengetragen, die die Praxis bzw. Durchführung der Kollegialen Fallberatung erleichtern. Dazu gehören bspw. die Rollenbeschreibungen und Regieanweisungen, integrierte Übersichten, 10 goldene Regeln, Crashkurs etc.

Wir danken **Hans-Günter Rolff** (Leiter des Instituts für Schulentwicklungsforschung der Universität Dortmund), **Dirk Stölting** (Management Training Dresdner Bank Essen) und **Klaus Stricker** (Human Ressource Manager Bosch Sicherheitssysteme GmbH Düsseldorf; Arbeitskreis Human Ressources Management) für Ihre Grußworte zum vorliegenden Band. Sie stehen mit ihren fundierten Erfahrungen mit der Kollegialen Fallberatung für drei zentrale Bereiche erfolgreicher Anwendung der Methode: Schulentwicklung, Personal- und Organisationsentwicklung und Kollegiale Netzwerke.

Wir wünschen allen, die neugierig geworden sind und sich einer Lektüre des Buches widmen, ertragreiche Lesestunden und viel Spaß beim Vermehren der Erkenntnisse.

Hans Werner Franz und Ralf Kopp

Anmerkung

1 Der Aufsatz von Galler/Kopp/Vonesch »Kollegiale Fallberatung in der organisationellen Praxis« erschien in der Zeitschrift Personal 2001, H. 2, 90–96. Das Ranking erfolgte durch www.mwonline.de

Grußworte

Kollegiale Fallberatung in der Schulentwicklung

Der Wandel wird in der postmodernen Gesellschaft zur Regel und erfordert auch vom Bildungssystem kontinuierliche Veränderungsbereitschaft.

Die Möglichkeiten, heutige wie zukünftige gesellschaftliche und technologische Wandlungen im System Schule konstruktiv zu integrieren, liegen im interdisziplinären Umgang mit Wissen im Rahmen eines schulischen Qualitätsmanagements. Unabdingbar für diese Entwicklungen zur selbstständigen, lernenden Organisation Schule sind die Bereitschaft und die Befähigung ihrer Mitarbeiter zu metakognitiven Reflexionsprozessen sowie zur Selbstveränderung. Die im Umgang mit Veränderungen stetig auftretenden Verunsicherungen und Widerstände bedürfen jedoch eines externen wie internen Unterstützungsnetzwerks. Zum produktiven Umgang mit diesen Differenzen hat sich neben der Schulentwicklung die kollegial organisierte selbstreflektorische Beratung als effektiv und effizient erwiesen.

Die Kollegiale Fallberatung ist ein Verfahren zur Reflexion und Klärung sowohl struktureller als auch personenbezogener Problemstellungen, die unumgängliche Bestandteile von Veränderungsprozessen sind. Im Rahmen der kollegialen Beratung wird der Synergieeffekt der Gruppe genutzt, um die individuelle Wahrnehmung einer Person durch die Sichtweisen anderer zu ergänzen. Dieses Vorgehen ermöglicht eine umfassende Diagnostik der Situation und verhilft, personen- und institutionsangemessene Lösungen einzuleiten.

In der Kollegialen Fallberatung wird kein zusätzliches fachliches Wissen vermittelt, sondern basierend auf dem vorhandenen Wissen werden Schwierigkeiten, die sich aus den Interaktionen und Dynamiken im Arbeitsfeld ergeben, diagnostiziert, reflektiert, geklärt und Lösungen zugeführt.

Das Verfahren ist bestens geeignet, sowohl Prozesse organisationaler Gestaltung als auch personaler Entwicklung im Schulleitungs- wie im Kollegiumsteam zu initiieren und zu unterstützen.

Prof. Dr. Hans-Günter Rolff
(Leiter des Instituts für Schulentwicklungsforschung
der Universität Dortmund)

Kollegiale Fallberatung in Netzwerken

Gerade in Zeiten krisenhafter Entwicklungen bzw. knapper finanzieller und zeitlicher Ressourcen kann das Management zur Problemlösung weniger denn je auf teure Berater zurückgreifen und wird auf die Mobilisierungsfähigkeit eigener Ressourcen zurückgeworfen. Zudem erfordert die sprunghaft gestiegene Wissensintensität bei der Entwicklung von Innovationen die immer schnellere Mobilisierung des Erfahrungswissens von Mitarbeitern und Praktikern sogar über die eigenen Organisationsgrenzen hinaus. Effiziente und schnörkellose Instrumente und *tools*, die einen Beitrag zur praxisbezogenen Wissensintegration leisten und deren Aufwand nicht zu groß ist, um in der Hektik des betrieblichen Alltags Verwendung zu finden, sind Mangelware. Die »Kollegiale Fallberatung« ist ein solch seltenes Instrument.

Im Rahmen des bundesweiten Arbeitskreises »Human Ressources Management« für PersonalentwicklerInnen aller Branchen, der durch die Herausgeber dieses Buches organisiert wird, wird die Kollegiale Fallberatung regelmäßig als Instrument des Wissenstransfers zwischen Organisationen mit großem Gewinn eingesetzt und trägt so zur individuellen und kollektiven Horizonterweiterung für Problemlösung und Konfliktbewältigung bei. Besonders beeindruckend ist die schnelle Erlernbarkeit und Einsetzbarkeit der Methode und der breite Nutzen im betrieblichen Kontext. Aus diesem Grunde wünsche ich der Verbreitung der Methode viel Erfolg.

Klaus Stricker
(Human Ressource Manager
Bosch Sicherheitssysteme GmbH Düsseldorf)

Kollegiale Fallberatung im Führungskräftetraining

»Die interessante und sehr praxisnahe Bearbeitung aller eingebrachten Fälle lieferte Lösungsansätze für die eigene Tätigkeit und für das eigene Verhalten. Ich habe wichtige Impulse zur Entwicklung meines Lernprogramms aufgenommen.«

Diese Rückmeldung eines Seminarteilnehmers spiegelt unsere Erfahrungen mit dem Einsatz dieses modernen Instruments. Die Methode der ›Kollegialen Fallberatung‹ setzen wir auf Grund der hohen Akzeptanz bei unseren Führungskräften und der vielseitigen Lösungsansätze in einigen Führungskräftetrainings aktiv ein. Bei der Erarbeitung der Lösungsansätze ist die hohe Identifikation mit den eingebrachten Fällen und das große Verantwortungsbewusstsein der Führungskräfte ständig spürbar.

Dirk Stölting
(Leiter Managementtraining/Veränderungsprozesse
Dresdner Bank AG Region Ruhr und Westfalen)

I. Teil

Grundlagen

Thomas Rimmasch

Kollegiale Fallberatung – Was ist das eigentlich? Grundlagen, Herkunft, Einsatzmöglichkeiten des Verfahrens

Sagt nicht: »Ich habe die Wahrheit gefunden«
sondern: »Ich habe eine Wahrheit gefunden.«[1]

1. Einführung in das Verfahren der Kollegialen Fallberatung

Die Kollegiale Fallberatung ist eine Form gegenseitiger beruflicher Beratung in einer von Kollegen selbst geleiteten Gruppe.

Die Fallberatung, auch Kollegiale Fallberatung oder Kollegiale Beratung genannt, stellt ein diagnostisches Instrument zur Reflexion und Klärung beruflicher Probleme – genannt »Fälle« – dar.

Die Ziele der Kollegialen Fallberatung liegen darin,

- kurzfristig zu aktuellen Problemen angemessene und umsetzbare Lösungen zu entwickeln,
- langfristig die Problemlösungskompetenz firmenintern durch eine partnerschaftlich anzuwendende, kooperative Problemlösungsstrategie zu erhöhen.

Grundlegend für die kollegiale Beratungsform sind:

- der berufliche Hintergrund, der als gemeinsames Wissens- und Erfahrungspotential genutzt wird,
- die Bereitschaft der Teilnehmer, Fälle aus dem eigenen Arbeitsfeld einzubringen und zu beraten,
- die Gleichrangigkeit der Teilnehmer in der Gruppe.

Da im Teilnehmerkreis untereinander keine weisungsgebundenen Beziehungen bestehen und die Rollen von Fallgeber, Fallberater und Sitzungsleitung reversibel gewechselt werden, erfährt jeder Teilnehmer funktionale Autorität und trägt kollegial Verantwortung für das Gelingen der Beratung.

Überblick zum Beratungsablauf

Zum Ablauf einer Beratungssitzung ist die Besetzung von grundsätzlich **drei Rollen** unabdingbar:

- Die **Leitung oder Moderation**; sie wechselt rollierend von Sitzung zu Sitzung. Die Moderation ist generell Bezugsperson während der Sitzung. Sie begrüßt die Teilnehmer in der Ankommensrunde, eröffnet den Arbeitsteil des Treffens, spricht den Zeitrahmen an, legt mit den anderen zusammen die Pausen fest, leitet die Auswahl der einzubringenden Fälle ein, achtet auf die Einhaltung der Beratungsregeln, führt in die Abschlussreflexion.
- Der **Fallgeber** stellt seinen zu bearbeitenden Fall vor.
- Die **Fallberater** werden von den jeweils verbleibenden Teilnehmern gestellt.

Bei Bedarf können weitere Rollen z.B. zur Protokollführung, Prozessbeobachtung eingeführt werden.

Das Beratungsgeschehen in den einzelnen Sitzungen läuft nach folgender Struktur ab:

- Es wird festgelegt, wer die Sitzung leitet und wer beraten werden möchte.
- Der Beratungsnehmer erzählt als Fallgeber die für ihn problematische Situation.
- Die beratenden Kollegen reagieren als Fallberater auf die Erzählung, indem sie – je nach Verfahrensmodifikation – ihre Gedanken, Empfindungen, Hypothesen zu dem Fall direkt rückmelden oder sich im Beisein des Fallgebers über ihre Vermutungen und Phantasien austauschen oder indem sie Fragen an den Fallgeber richten.

  Der Fallgeber entwickelt angeregt durch die Rückmeldungen der Fallberater »neue Lesarten« und mehrperspektivische Deutungen seines Falls.

Auf dieser Grundlage können gemeinsam in der Gruppe praktikable Schritte zur Lösung entwickelt werden. Nach strukturierten Abläufen, z.B. in Form einer Ideenbörse, werden mögliche Lösungsalternativen gesammelt, ausgewählt, Handlungsfolgen bewertet und festgelegt.

Das Verfahren kann – bei Beachtung grundlegender Prinzipien professioneller Beratung – entsprechend den spezifisch organisationalen Verwendungszwecken und Zielen modifiziert werden:

- in den Zeiten,
- der Schrittigkeit der Beratungsphasen,
- der Anwendung von Gesprächstechniken.

Problemlösungsverfahren, Lernort und dialogisches Lernarrangement

Die Kollegiale Fallberatung »lebt davon«, dass sie ein einfach zu handhabendes Unterstützungssystem zur Problemlösung und Rollenklärung darstellt. Das Verfahren mit seinem gegliederten und schnell erlernbaren Ablauf ist bestens geeignet, kontinuierlich und systematisch über schwierige Arbeits-, Entscheidungs- oder Leitungssituationen nachzudenken und angemessene Lösungsschritte zu entwickeln.

Das **wechselseitige Beraten** führt zur

- Entwicklung bzw. zum Ausbau eines persönlichen wie professionellen und institutionsangemessenen Beratungskonzepts,
- trägt sowohl zur Steigerung der persönlichen Berufskompetenz als auch zur Qualität der Arbeit bei,
- verbessert nachhaltig die Personal- und Organisationsentwicklung.

Die Kollegiale Fallberatung schafft zugleich einen Lernort, der über die aktuelle Beratung hinaus Auswirkungen auf die betriebliche Kommunikations- und Lernkultur hat.

Die Kollegiale Fallberatung:

- stellt ein dialogisches Lernarrangement[2] dar, das zur kontinuierlichen Reflexion der Arbeitstätigkeit anleitet und damit einem Verbesserungs- und Selbst-Verbesserungs-Prozess einleitet,
- setzt einen geschützten Rahmen, um gemeinsam komplexe Arbeitssituationen zu explorieren und adäquate Handlungsvarianten zu entwickeln,
- schafft eine Lern- und Gesprächskultur, die an einer argumentativ offenen Verständigung orientiert ist,
- ermöglicht einen von gegenseitiger Akzeptanz und vom Respekt vor der anderen Person getragenen berufsfeldbezogenen Austausch,

- ist eine Beziehungsgestaltung, die vom einzelnen Mitarbeiter die Bereitschaft verlangt, das individuell Erkannte auf der Suche nach einer noch zutreffenderen Erkenntnis immer wieder in Frage zu stellen.

Nutzen des Verfahrens

Die kontinuierliche Anwendung der Kollegialen Fallberatung verändert die Blickrichtung von einer Defizitorientierung hin zum Entdecken von Gestaltungsmöglichkeiten für ein situations- wie personen- und institutionsangemessenes Handeln. Leitungen wie Mitarbeiter lernen Problemsituationen als offene Entscheidungslagen zu nutzen, zu gestalten und erfindungsreich zu lösen.

Die **Situationsdiagnostik des Verfahrens** verhilft zu einem umfassenden und differenzierten Einblick in die Fallproblematik und ihren Kontext. Die individuelle Wahrnehmung einer Problemsituation wird durch die Sichtweisen anderer so weit ergänzt, dass sowohl die sozialen und institutionellen Muster einer Problemlage als auch die individuellen Verstrickungen gesehen werden können.

Das Erkennen und Reflektieren der oftmals divergierenden Sichtweisen aller an einem Problem beteiligten Personen und Abteilungen wird erweitert.

Das erweiterte Situationsverständnis ermöglicht das Benennen bisher unberücksichtigter Aspekte und trägt zu einem Verstehen der eigenen und fremden Handlungsweisen bei, so dass personen- und kontextangemessene Handlungsschritte entwickelt werden können.

Das **planmäßige und methodische Durchdenken** schafft emotionalen Abstand und verhindert, dass Entscheidungen übereilt getroffenen und nur flüchtig reflektiert werden. Der Blick für die Komplexität beruflichen Handelns wird geschärft. Probleme werden nicht auf persönliche oder individuelle Aspekte reduziert, sondern die institutionellen, organisatorischen und materiellen Bedingungen werden mit in die Überlegungen einbezogen. Dies führt zu langfristig tragfähigen Lösungen.

Das Kennenlernen der »Interna« anderer inspiriert dazu, die persönlichen Sicht- und Handlungsweisen auch dann neu zu überdenken, wenn sie bisher nicht als problematisch eingeschätzt wurden.

Die regelmäßige Beratungsarbeit trainiert Gesprächsführungskompetenzen wie Klarheit, Deutlichkeit und Personenangemessenheit in der Ansprache. Diese individuellen Entwicklungen können durch Mitarbeitergespräche weiter unterstützt und konkretisiert werden.

Durch die Mehrperspektivität der Kollegialen Fallberatung führen die Erarbeitungen auch zu konstruktiven Rückwirkungen auf die Kommunikations- und Lernkultur einer Firma, wirken auf die Gesprächs- und Entscheidungssystematik von Teamtreffen und Konferenzen.

Zudem wirken kontinuierliche Fallberatungen »zeitsparend« – auch wenn für ihre Durchführung Arbeitszeit zu investieren ist, weil die getroffenen Entscheidungen im Gegensatz zu schnellen »Tür-und-Angel-Regelungen« »treffsicherer« ausfallen, nachhaltiger wirken und so ein aufwändiges Nachkorrigieren entfällt.

Fälle – Beispiele aus kollegialen Fallberatungsgruppen

Den Ausgangspunkt für eine Beratung bilden konkrete Fälle aus dem Berufsalltag der Teilnehmenden.

Unter **Fall** wird ein Ereignis aus der Gesamtheit eines beruflichen Arbeitshandelns verstanden:

- eine Arbeits-, Entscheidung- oder Leitungssituation, die den Fallgeber direkt betrifft,
- die er erlebt hat oder die ihm als Aufgabe bevorsteht,
- eine Situation, die sich ändern sollte,
- eine Konstellation, über die er sich Klarheit verschaffen will, um berufsfeldangemessene Entscheidungen treffen und Handlungen einzuleiten zu können.

Beispiele aus kollegialen Fallberatungsgruppen

Um die Durchführung von »Gruppenarbeit« in einem Unternehmen zu stützen, wurden ausgewählte Mitarbeiter zu »Prozessbegleitern« ausgebildet. Sie sollen als »Motor« für die Veränderungsprozesse in der Firma fungieren, indem sie die Verbindung zwischen den Arbeitsgruppen und den jeweiligen Vorgesetzten gewährleisten. Sie sollen Informationen, Vorschläge, Anregungen, Beobachtungen transportieren und im Sinne des Projektziels sowohl für die Arbeitsteams als auch für die Vorgesetzten beratend wirken.

Ein Prozessbegleiter berichtet, dass er mit der Übernahme der neuen Rolle das Gefühl hat, »zwischen allen Stühlen zu sitzen« und er lieber wieder in seine ursprüngliche Funktion zurück möchte.

Die Leitung eines Betriebes beauftragt die IT-Abteilung, ein neues Software-System zu entwickeln, um einen schnelleren abteilungsübergreifenden Informationsfluss zu ermöglichen. Unterschiedliche Abteilun-

gen und Mitarbeiter sollen über gestaffelte Zugangsberechtigungen Zugriff auf dieselben Daten und Arbeitsvorgänge erhalten. Die Abteilungsleitung beschreibt das System als innovativ, technologisch ausgereift und rationell, dennoch »mauern« die Mitarbeiter. Die Abteilungsleitung zeigt sich über diese Reaktionen verwundert und überlegt, wie sie damit umgehen soll.

Ein Abteilungsleiter nutzt häufig die »ruhige Zeit des frühen Morgens«, um mit einer Projektleiterin den Fortgang des anlaufenden Qualitätsmanagementprozesses zu besprechen. In der letzten Teambesprechung hört die Projektleiterin beim Verlassen des Besprechungsraumes die halblaute Bemerkung: »Das haben die beiden wieder vor dem Frühstück ausgeheckt«. Soll sie die Bemerkung übergehen oder bei der nächsten Besprechung aufnehmen?

Ein Weiterbildungsbeauftragter beobachtet, dass er nur von zwei Dritteln der Kollegen Auskunft über deren Fortbildungsbedarf erhält und ein weiteres Drittel der Mitarbeiter sich zurückzieht, wenn eine Weiterbildung terminiert wird. Der Weiterbildungsbeauftragte hat den Eindruck mit seiner Arbeit ins »Leere zu laufen«.

Eine Projektleitung hat den Eindruck, dass es in ihrem Projekt nicht »voran« geht. Die Projekttreffen erscheinen ihr »träge und schwer«. Sie fragt sich, was zu tun ist.

Eine Abteilungsleiterin, die ihre Anliegen und Anweisungen gegenüber ihren Mitarbeitern »betont sachlich« darstellt, beobachtet, dass ein Mitarbeiter häufiger »Verständigungsschwierigkeiten« hat. Sie fragt sich, woran es liegt, dass der Kollege sie wiederholt missversteht und Arbeitsanweisungen nicht befolgt.

Ein neu eingestellter Projektleiter ist mit einem Teammitglied aus früheren Arbeitszusammenhängen – in denen es häufig zu Rivalitäten untereinander kam – bekannt. Er fragt sich, wie er konstruktiv mit der Situation umgehen kann.

Eine Firma mit einem hohen Anteil an Aussiedlern aus der ehemaligen Sowjetunion hat den Eindruck, dass sich diese Mitarbeiter separieren und marginalisiert werden. Die Firmenleitung befürchtet, dass es neben sozialen auch zu fachlichen Problemen kommt, da diese Gruppe auffäl-

lig wenig an Weiterbildungen teilnimmt und sie an die Leute »nicht herankommen können«.

Der Seniorchef fordert seinen neu in die Firma gewechselten, von ihm gewünschten und geförderten, erheblich jüngeren Abteilungsleiter wiederholt auf, »ganz frei und offen« über seine Eindrücke von der Firma, von den Mitarbeitern, den anderen Abteilungsleitungen zu berichten. Der neue Abteilungsleiter fühlt sich einerseits dem Seniorchef verpflichtet und möchte sich loyal zeigen, andererseits fürchtet er, sich in der Abteilung »unbeliebt« zu machen. Jede von ihm durchdachte Verhaltensvariante führt für ihn zu Nachteilen – er fühlt sich handlungsunfähig, ist unzufrieden und überlegt einen Firmenwechsel.

Eine Firmenleitung gibt bekannt, dass Weiterbildungen außerhalb der Arbeitszeit stattfinden sollen. Die Mitarbeiter lehnen nun gegenüber dem Weiterbildungsbeauftragten ihre Teilnahme an Weiterbildungsveranstaltungen ab, die nicht auf ihre Arbeitszeit angerechnet werden. Der Weiterbildungsbeauftragte hat den Eindruck, dass »der Streit auf seinem Rücken ausgetragen wird«.

Das Fall-Verstehen

Bei der Betrachtung von Fällen wird deutlich, dass hier

- fachlich-technische,
- organisatorische,
- kulturelle,
- hierarchische,
- soziale und
- individuelle Probleme miteinander verwoben dargestellt sind.

Die aus der Verwobenheit resultierenden Wechselwirkungen und gegenseitigen Abhängigkeiten sind oftmals für den Fallgeber jedoch nicht »auf den ersten Blick« als solche zu erkennen und entsprechend auch noch nicht handhabbar.

Das unbeabsichtigte »Ausblenden« der unterschiedlichen Ebenen, das Nicht-Erkennen von Interdependenzen, von individuell spezifischen Wahrnehmungen und Bewertungen kann zu ungeeigneten Lösungsversuchen und nicht wirksamen Handlungen führen – weitere Probleme sind oftmals die Folge.

Jede Fallerzählung enthält Hinweise auf das »eigentliche Problem«, auf verdeckte, noch verborgene Problemzusammenhänge. Diese Hinweise dienen als Ausgangspunkte für ein erweiterndes und vertiefendes Verstehen des Falles.

Die Falldarstellung steht für das Beibehalten eines Denk- bzw. Handlungsmusters oder eines Erklärungsansatzes, bei dem der Fallgeber zwar erkannt hat, dass die bisherige Vorgehensart zu keiner gewünschten Veränderung führte, er aber gleichwohl noch keine alternativen Herangehensformen kennt.

Das geschilderte Problem, die Schwierigkeit oder Unwägbarkeit wird als Symptom für etwas bislang Unklares, nicht Benenn- und Verstehbares gesehen.

Der Blick des Fallgebers wird durch die Rückmeldungen der Fallberater für die »Muster« eines Problems erweitert. Die hinter dem offenkundigen Problem liegenden, latenten, meist nicht offen verhandelten, unterschwellig mitlaufenden Kern- oder Schlüsselthemen können erfasst und dechiffriert werden. Ein Zugang zu den »unvernünftigen, unlogischen«, sich dem Zugriff einer Sachlogik entziehenden kulturellen[3], sozialen und emotionalen Dimensionen eines Falls wird ermöglicht. [4]

Das Fall-Verstehen ist nicht gleichbedeutend mit dem Einverständnis der Handlungen eines anderen. Verstehen schafft die Voraussetzungen für das Einnehmen eigener klarer Standpunkte sowie für das Abgrenzen von Standpunkten, Inhalts- und Beziehungsebenen, so dass sowohl unterschiedliche Positionen, Sichtweisen und Lösungsansätze als auch mögliche Gemeinsamkeiten und Ressourcen deutlich werden, die dann über ein in Gesprächen auszuhandelndes gemeinsames Verständnis zu einer gemeinsamem Arbeitsfähigkeit geführt werden müssen.[5]

Ziel der Fallberatung ist es:

- Verstehen zu fördern,
- auf bisher nicht ausgesprochene, implizite Aspekte und Kontexte eines Falles hinzuweisen.

Lässt sich das Problem für den Fallgeber in seiner Dynamik und Verwobenheit erkennen und benennen, versetzt ihn dieses Verstehen in die Lage, Entscheidungen und Handlungen situations- und institutionsangemessen anzugehen.

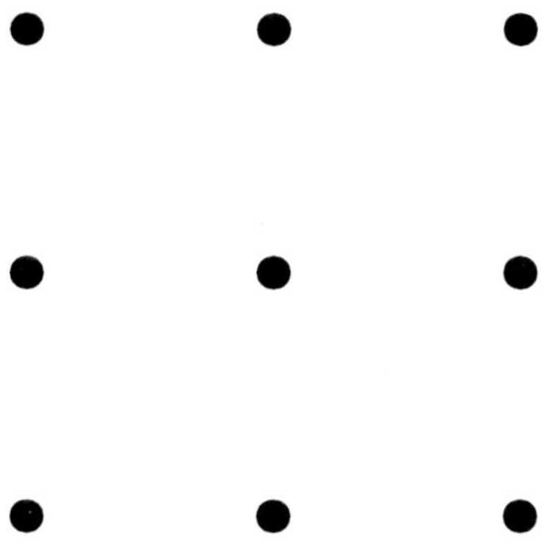

Abb.1: Das 9-Punkte-Quadrat

Beispiel: *Das Neun-Punkte-Problem*
Die neun Punkte sollen durch vier zusammenhängende gerade Linien verbunden werden. Der Stift soll beim Ziehen der Linien nicht vom Papier abgehoben werden.

Wenn Sie diese Problemstellung nicht kennen, sollten Sie Ihr Lesen hier unterbrechen und sich an einer Lösung versuchen[6]*.*

Wird unter den genannten Bedingungen der Aufgabenstellung keine Lösung gefunden, liegt das nicht in der Unlösbarkeit der Aufgabe, sondern im Lösungsversuch begründet. Geht der Problemlöser davon aus, dass die Lösung innerhalb des durch die Punkte gegebenen Quadrats gefunden werden muss – eine Bedingung, die nicht in der Aufgabenstellung enthalten ist – kommt es zu keinem Ergebnis. Der Lösungsversuchs basiert dann auf einer Prämisse, die eine Lösung verhindert – der Lösungsversuch selbst wird zum Problem. Die Lösung liegt außerhalb des durch die Punkte begrenzten Quadrats.

Ein Ergebnis ergibt sich durch:

- die Überprüfung der bisherigen Lösungsversuche,
- Reflexion der eigenen Annahmen,
- einen Wechsel der Prämisse, der Perspektive
- und pragmatisch durch eine Verlängerung der Linie über die scheinbare innere Begrenzung hinaus.

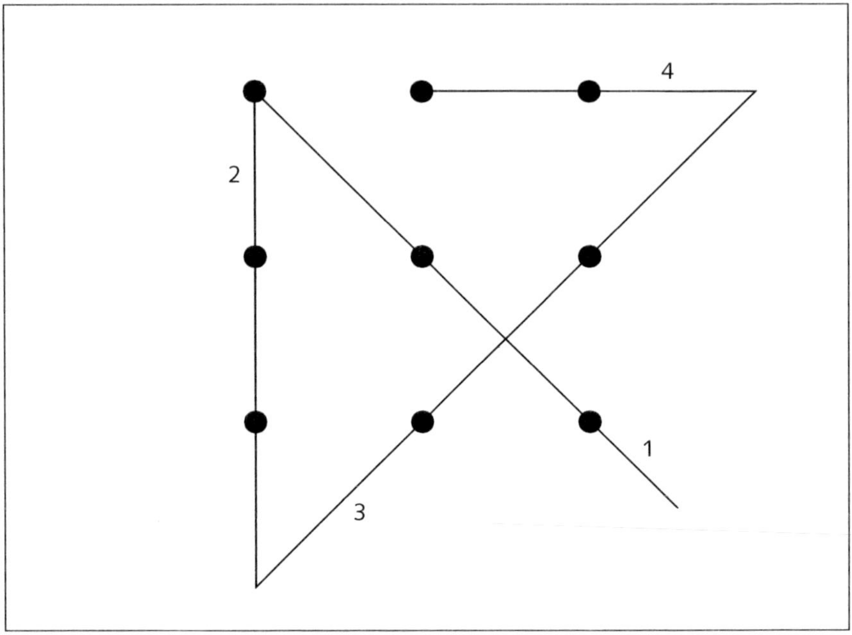

Abb. 1a: Lösungsbeispiel zum Neun-Punkte-Problem

Analogien zu Lösungsversuchen im beruflichen Feld liegen nahe. Bei einer Problemlösung geht es darum, den Ort der Betrachtung zu wechseln, das Anliegen von einem anderen Standpunkt aus zu betrachten, die Perspektive zu ändern. Vergleichbar ist dieses Vorgehen mit der veränderten Wirkung, die ein Bild auf den Betrachter, bei unterschiedlichem Licht, bei verändertem Rahmen, geringerer oder größerer Distanz ausübt.

In der Fallberatung wird die veränderte Betrachtungsweise durch die Rückmeldungen der Fallberater eingeleitet und führt den Fallgeber dazu, »Barrieren«, Unvereinbarkeiten in einer Zielsetzung, Widersprüchlichkeiten sowie bisher noch nicht gedachte Möglichkeiten zu erkennen. Dieses Erkennen basiert auf dem Verstehen der momentanen Situation und ist wiederum eine Voraussetzung für weitere Schritte, wie die der Formulierung von Zielen und ihrer Umsetzung in konkretes Handeln.

Ohne das Setzen neuer Akzente und Prämissen bei der Problembewertung ist die beratungsnehmende Person in ihrer bisherigen Sicht auf sich, auf andere, auf die Konstellation gefangen. Die Nützlichkeit der Rückmeldungen ergibt sich für sie, wenn sie zu ihrer bisherigen Deutung einer Situation eine neue Bedeutung hinzufügen kann, so dass ein Verstehen gefördert wird, Handlungslähmungen gelöst und Fortschritte wieder möglich werden.

In der Kollegialen Fallberatung regen die Rückmeldungen der Fallberater den Fallgeber an, das Problem unter anderen als den bisherigen Prämissen zu betrachten.

Die Hypothesen und Vermutungen der Fallberater lenken die Aufmerksamkeit des Fallgebers auf solche Aspekte, die in der ursprünglichen Beschreibung nicht enthalten waren.

Der Fallgeber nutzt die Rückmeldungen als Ergänzung für sein weiteres gedankliches Nachforschen und Weitererzählen. Durch die Unterschiedlichkeit der Hypothesen und durch die Differenz zu den bisherigen Sichtweisen des Fallgebers entsteht eine geistige Bewegung, durch die die festgefahrene Situation gedanklich gelöst werden kann.

Das Fall-Beraten

Der Begriff »Beratung« wird anders als im alltäglichen Sprachverständnis und in Teilen des beruflichen Sprachgebrauchs nicht mit einem »Ratschlaggeben« gleichgesetzt.

Ein Ratschlaggespräch weist folgende Schrittigkeit auf:

- der Beratungsnehmer formuliert sein Anliegen, präsentiert sein Problem,
- der Ratschlaggeber sichert sein Problemverständnis durch Rückfragen und entwickelt aufgrund dieses Verstehens in ggf. mehreren Gesprächsgängen Handlungsempfehlungen,
- der Hauptteil des Gesprächs ist beendet wenn der Beratungsnehmer die Handlungsempfehlung als Problemlösung angenommen hat.

Kennzeichnend ist eine abgegrenzte Arbeitsteilung, bei der der Beratungsnehmer für die Problempräsentation und der Ratschlaggeber für das Anbieten von Handlungsempfehlungen in Form von Ratschlägen zuständig ist. Der Beratungsnehmer unterbreitet dazu sein Problem detailliert durchdacht, damit der Ratschlaggeber in die Lage versetzt ist passende Empfehlungen, deren Qualität er verantwortet, zu formulieren. Vorrangig findet im Gespräch eine Orientierung an der Produktion von Ratschlägen und Lösungen statt. Der Ratschlaggeber übernimmt die Problemdefinition, die der Beratungsnehmer vorgibt, ohne dass das

Problem – wie in der Fallberatung – detaillierter hinterfragt wird und weitere, dem Beratungsnehmer noch nicht offensichtliche Implikationen herausgearbeitet werden.

Über die Passung und Umsetzung der vom Ratschlaggeber gefundenen Handlungsempfehlung befindet der Beratungsnehmer allein.

Ratschlaggespräche sind im Alltag – sofern sie gezielt eingesetzt werden – nützlich und brauchbar.

In den dargestellten, komplexen Fallbeispielen jedoch würden Handlungsempfehlungen nach einem Ratschlagschema wahrscheinlich zu inadäquaten Handlungen führen, da der Beratungsnehmer eine Empfehlung praktizieren und vertreten soll, die er selbst »als Experte seiner Situation« nur unzureichend auf ihre Möglichkeiten hinsichtlich einer Umsetzung prüfen konnte.

Ratschläge sind »die Lösungen der anderen«. Die beratungsnehmende Person wird im Ratschlaggespräch nicht zu einer Reflexion des eigenen Handelns geführt, so dass das individuelle Entdecken von Widersprüchen und Paradoxien, ein Verstehen der Dynamik des Fallgeschehens sowie das Denken von alternativen Handlungen nicht aktiviert werden und nur selten stattfinden.

Die »Fallen« in einer Beratung sind neben einer Problemübernahme durch die Berater die Schnelligkeit der Lösungsproduktion. In der Schnelligkeit liegt die Gefahr ausschließlich auf Symptome zu reagieren. Verändert wird dabei die Wirkung, aber nicht die grundsätzliche Sicht der problematischen Situation.

Kurzsichtige und kurzfristige Lösungen lindern nur eine Weile ein Problem, langfristig blockieren sie die Fähigkeit der Betroffenen, grundsätzliche Konsequenzen erarbeiten zu lernen.

Ausgereifte Ergebnisse bedürfen der Zeit des Durchdenkens und der geistigen Bewältigung. Der Fallgeber muss mit ihnen »schwanger gehen« dürfen, sie müssen in ihm »klingen können«, man muss »eine Nacht darüber schlafen« dürfen.[7]

Ratschlaggespräche und Ratschläge können dies nicht leisten. Hinter Ratschlägen verbirgt sich zudem häufig, trotz wohlwollender Absicht, verdeckte Kritik, nach dem Motto: »Hätten Sie es so gemacht, wie von mir vorgeschlagen, hätten Sie keine Probleme!« In diesem Sinne können Ratschläge wie Schläge wirken und die berufliche Beziehung belasten.

Kennzeichnend für eine Fallberatung ist: Die Konturen eines Falles, seine Spezifika und Eigenheiten werden schrittweise herausgearbeitet.

Zu Beginn einer Fallberatung sind die Problemimplikationen und -dimensionen oftmals weder vom Fallgeber noch von den Beratern klar zu bestimmen. Die Problempräsentation und das Problemverstehen entwickeln sich allmählich durch das Nach-Konturieren während der Beratungstätigkeit analog dem Durchlaufen einer »diagnostischen Spirale«.

Die Rückmeldungen der Berater konzentrieren den Fallgeber darauf, seine Wahrnehmung des Falls, seine Wert- und Zielsetzungen wiederholt zu reflektieren. Dadurch wird im Laufe der Beratung die Aufmerksamkeit für bisher nicht beachtete Problemkomponenten und Ereigniszusammenhänge geschärft. Anfangs nicht erkannte Aspekte treten zutage, werden besprechbar und regen zu veränderten Handlungen an.

Im Verlauf der Beratung wächst beiderseits – beim Fallgeber wie bei den Beratern – das Verstehen und die Erkenntnis zum Fall.

Die diagnostische Spirale

Zur Erlangung einer kontinuierlichen Vertiefung und Verfeinerung des Verstehens wird während der Fallberatung eine »diagnostische Spirale«[8] (vgl. Abb. 2) wiederholt durchlaufen.

Das Voranschreiten der Diagnostik besteht aus mehreren Durchgängen der sich aufeinander beziehenden Teilschritte 1 und 2.	
Teilschritt 1	Der Fallgeber trägt seinen Fall vor.
	Währenddessen hören die Fallberater zu und denken über das Gehörte nach.
Teilschritt 2	Die Fallberater tragen ihre Rückmeldungen zu dem gehörten Fall vor.
	Währenddessen hört der Fallgeber zu und denkt über das Gehörte nach.
Teilschritt 1.1	Die Beratung wird weitergeführt, indem der Fallgeber, stimuliert durch die Rückmeldungen der Fallberater, mit seiner Fallschilderung fortfährt.
	Währenddessen hören die Fallberater wiederum zu und denken nach.
Teilschritt 2.2	Die Fallberater tragen ihre Rückmeldungen zu dem gehörten Fall vor.
	Währenddessen hört wiederum der Fallgeber zu und denkt über das Gehörte nach.

Die Teilschritte 1-2 bzw. 1.1-1.2 usw. werden in der diagnostischen Phase der Beratung wiederholt durchwandert. Das Durchwandern lässt sich mit dem Bild einer Spirale verdeutlichen.

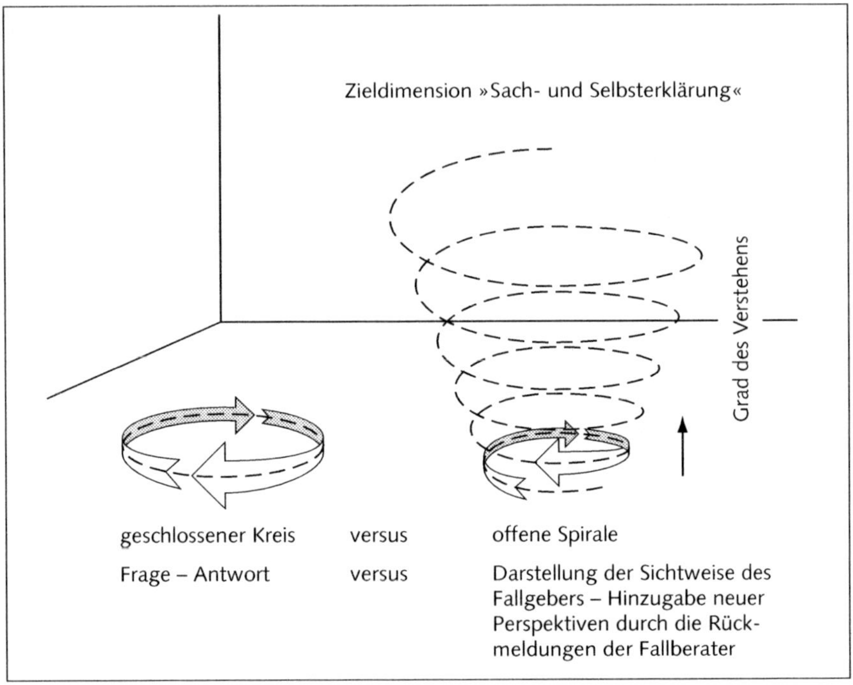

Abb. 2: Die diagnostische Spirale

Die Entwicklung der Beratung auf das Beratungsziel »Sach- und Selbstklärung« hin ist nicht als geschlossenes Frage-Antwort-System zu verstehen, bei dem die Berater auf das in der Fallerzählung dargestellte Problem antworten, sondern folgt aufbauend dem Prinzip »Darstellung einer Sichtweise« in Form der Erzählung des Falles – »Hinzugabe neuer Perspektiven« durch die Rückmeldungen der Fallberater.

Damit nimmt der Grad des Verstehens zum Fall sowohl beim Fallgeber als auch bei den Beratern mit Fortschreiten der Fallberatung zu.

Die Konkretisierung von Handlungsschritten

Als Fazit der Diagnostik konkretisiert der Fallgeber seine Zielsetzung und Handlungsabsicht:

»So soll der Zustand aussehen, den ich erreichen will, der meinem Aufgabenfeld entspricht, der für unsere Abteilung/Firma angemessen ist...«

Die Berater prüfen anhand ihres Situationsverständnisses die »Realitätsadäquanz« des vom Fallgeber formulierten Lösungswegs.

Sie haben die Möglichkeit sich der Problem- und Lösungsauffassung des Fallgebers anzuschließen oder, wenn ihnen der Fall auf diesem Wege nicht lösbar erscheint, dies zu formulieren und zu begründen.

In beiden Fällen sollten die Berater entsprechend ihrer Situationsauffassung Ideen, Lösungsansätze sowie zielannähernde Handlungswege entwerfen!

Dem Fallgeber dienen die Sichtweisen der Berater zur Kontrolle. Er kann seine Problemauffassung, Ziel- und Handlungsabsichten auf Relevanz und Angemessenheit überprüfen.

Handlungspläne, die sich an einer »unrealistischen Problembeschreibung« orientieren, erzeugen mit hoher Wahrscheinlichkeit Folgeprobleme. Simplifizierende undifferenzierte Darstellungen von problematischen Situationen führen entsprechend zu unangemessenen Lösungsansätzen. Statt eine Klärung herbeizuführen, werden gravierende Folgeprobleme erzeugt, die erheblich schwerwiegender sein können als das Ausgangsproblem, z.B. kann das Ignorieren und Nicht-Benennen sozialer Beziehungsprobleme im Arbeitsbereich langfristig dazu führen, dass die Situation aufgrund nicht angesprochener Missverständnisse und Überinterpretationen zu einem nur schwer lösbaren Konflikt eskaliert.

Dem Fallgeber ist es freigestellt, die Lösungsansätze aktuell in der Beratung gemeinsam mit den Beratern zu operationalisieren oder später für sich eine Entscheidungsdurchführung zu planen und Handlungsschritte zu konkretisieren.

Das Handwerkszeug

Das Handwerkzeug der Fallberater für ihre Rückmeldungen stellen ihre Gedanken, Gefühle, Ideen, Phantasien, Metaphern, Hypothesen dar.

Dies ist keine spezielle Technik, sondern die übliche Art, wie auch im Alltag durch Spekulationen, Vermutungen und Hypothesen Situationen und Ereignisse so veranschaulicht werden, dass ein eigenes Handeln ermöglicht wird. Im Alltagsgeschehen laufen diese Annahmen und Gedanken i.d.R. stillschweigend ab und nur die daraus resultierenden Handlungen werden für Außenstehende fühl- und sichtbar.

In der Fallberatung geht es dagegen darum, genau diese Vermutungen zu veröffentlichen. Es geht bei den Rückmeldungen nicht um ein »tiefenpsychologisches Deuten«. Die Berater beziehen sich auf das, was sie hö-

ren, sehen, fühlen und orientieren ihre Rückmeldungen an den geschilderten Aussagen. Der Bezug liegt in der augenblicklichen Interaktion.

Dieses Wissen wirkt entlastend – auch für die berufliche Beziehung aller Beteiligten außerhalb der Fallberatung – da nicht »die Richtigkeit« einer Hypothese zu einer neuen Blickrichtung führt, sondern die Vielfalt und Mehrdimensionalität der Rückmeldungen. Da die Auswahlkriterien nicht auf ›Richtig‹ oder ›Falsch‹ lauten, müssen die Berater ihre Äußerungen nicht »beweisen« – wohl aber aus der Fallsituation heraus nachvollziehbar erläutern. Es wird nicht nach »der Wahrheit« gesucht. Die Rückmeldungen stellen nur eine teilweise erklärende Sichtweise dar, die zu der berufsfeldgebundenen Erfahrung des Fallgebers hinzugegeben wird.

Für den Fallgeber bedeutet es, dass er unter keinerlei Rechtfertigungsdruck gerät, er sich mit seiner »Problem- und Wirklichkeitssicht« angenommen und nicht abgewertet fühlt, da alle Erklärungen nur gedankliche Schöpfungen sind, die niemals die Komplexität der Sachlage ganz erfassen. Sie sind als subjektive Konstruktionen von Wirklichkeit weder richtig noch falsch, sondern mögliche Sichtweisen, die selbst wieder über einen weiteren Perspektivwechsel geändert werden können. Sie sind als Arbeitshypothese notwendig, um über die Fallkonstellation kreativ nachdenken zu können. Sie regen den Fallgeber an, seinerseits das Problem unter anderen als den bisherigen Sichtweisen zu betrachten.

Die Umsetzbarkeit und Nachhaltigkeit einer Erkenntnis wird sich im Berufsalltag verifizieren.[9]

Die diagnostische Matrix

Für die Formulierung von Rückmeldungen ist zur Orientierung für die Berater eine »diagnostische Matrix« hilfreich. Sie erleichtert es, die Fallerzählung auf unterschiedlichen Ebenen, aus vielfältigen Perspektiven zu betrachten.

Die eigentliche Quelle für die Rückmeldungen liegt jedoch in der Haltung und Herangehensweise, die die Berater einnehmen – die eines aufmerksamen, neugierigen Zuhörers.

Zeitgleich achten die Berater

- auf das Bild von der Situation, das der Fallgeber von der Situation vor ihnen entfaltet,
- auf die Art und Weise, wie er das Bild im Laufe des Gesprächs aufbaut,
- auf die Eigenart, wie sie selbst auf die Fallschilderung reagieren.

Diese Art des Zuhörens bedarf eher einer Einstellung/Haltung als einer Technik. Sie verlangt die Offenheit, auch Aspekten gelassen zuzuhören, die nicht mit der eigenen Vorstellungswelt übereinstimmen.

Die Berater hören in empathischer Distanziertheit zu. Sie verlieren sich weder im Fall, noch schließen sie sich der Beurteilung des Fallgebers über die Problematik der Situation an. In einer quasi freischwebenden Aufmerksamkeit nehmen sie gleichzeitig die gegenwärtige Situation, die Fallerzählung und ihre inneren Bilder, Gefühle, Gedanken wahr.

Das Erkunden der eigenen »Innenräume«, die persönliche Reaktion auf die Erzählung, die Gefühle gegenüber dem Fallgeber und seinem Fall, die Fragen, Bemerkungen und Hypothesen, die durch den Kopf gehen, die Verwunderung, die jemand bei bestimmten Redewendungen oder Inhalten empfindet, sind Indikatoren, die für die Rückmeldungen genutzt werden können.

Innerlich gehen die Berater verschiedene diagnostische Ebenen durch, die ihr eigenes Verstehen anregen und die sie als Grundlage für die Formulierung ihrer Rückmeldung nutzen.

Nicht die folgenden Fragen der diagnostischen Matrix selbst werden thematisiert, sondern die Resonanzen, die sie im Berater erzeugen, wenn er sich innerlich die Fragen vergegenwärtigt und in Form von Hypothesen veröffentlicht.

Individuelle Ebene des Fallberaters

- Wie wirkt der Fall auf mich?
- Welche Assoziationen werden bei mir ausgelöst?
- Mit wem fühle ich mich aus welchem Grund solidarisch?

Fachlich-technische Ebene

- Welche Aspekte des Falls sind fachlich-technischer Art, welche gehören zu anderen Ebenen?
- Woran mache ich das fest?

Personale Ebene des Fallgebers

- Wie erzählt der Fallgeber seinen Fall?
- Welche Ausdrücke/Metaphern/Bilder werden herangezogen?
- Welche Sichtweisen erkenne ich?
- Aus welcher inneren/äußeren Position, aus welcher Haltung heraus handelt der Fallgeber?

- Wie füllt der Fallgeber seine Rolle aus?
- Wer oder was hindert ihn eventuell zu handeln?
- Was mutet sich die falleinbringende Person zu?
- Welche Fähigkeiten und Kompetenzen werden sichtbar?
- Woran mache ich dies fest?

Interpersonelle Ebene

- Gibt es auffällige Geschlechter- und Alterskonstellationen, Kräfte- und Machtkonstellationen, erinnern die beschriebenen Verhältnisse an bestimmte Familienbilder?
- Sind offene oder heimliche »Spiele«[10] zu erkennen, z.B. »Tust du mir nichts, tu ich dir auch nichts« – »Wenn ich mehr arbeite, kann ich dies auch bei dir voraussetzen« – »Alle sind gegen mich, dabei meine ich es nur gut«?
- Was vermeiden oder befürchten die in der Fallerzählung geschilderten Personen?
- Wer von ihnen hat welchen direkten oder heimlichen Nutzen, Profit oder Verlust in dem Fall?
- Woran wird mir das deutlich?

Institutionelle Ebene

Welche systemischen Aspekte werden sichtbar:

- Gibt es eine Vorgeschichte zum aktuellen Fall?
- In welcher Verbindung steht der aktuelle Fall zur »Kultur« der Firma?
- Wie ist die Firma/Abteilung aufgebaut, organisiert?
- Wie ist Macht offiziell zugeordnet, z.B. entsprechend dem Organisationsdiagramm – wie wird sie »gelebt«, welche inoffiziellen Informationsstrukturen werden genutzt, welche »grauen Eminenzen regieren«?
- Wo werden welche Ressourcen sichtbar?

Kontext Ebene

- Wie würden Außenstehende – andere Abteilungen, Firmen, der Hausmeister, ein »Marsmensch« – die Fallsituation, die bisherigen Handlungsschritte und Lösungsversuche beschreiben?

Das Zuhören und Rückmelden

Das Zuhören dient dem Ziel, Rückmeldungen formulieren zu können.

Es bedingt zum einen die Haltung und Herangehensweise eines Neugierigen einzunehmen, zum anderen sich zeitweise von der augenblicklichen Lage und den sie begleitenden Gefühlen zu distanzieren, um eine Metaposition zu übernehmen. Diese Wechsel, auf den Fall und den Erzähler zu achten sowie sich selbst »zuzuhören«, um Resonanzen wahrzunehmen, fordert die gesammelte Konzentration der Berater.

Die dazu entscheidende Beraterqualität ist die **Fähigkeit des »Zu-Hören-Könnens«**[11]. Hieraus wird die Resonanz gebildet, die zur Rückmeldung führt. Die Rückmeldungen werden als **Ich-Aussagen**[12] formuliert, damit sie für den Fallgeber als subjektive Konstruktion der Berater verstehbar und nachvollziehbar sind und nicht zu dem Missverständnis eines Vorwurfs oder einer Kritik führen.

Berater-Rückmeldungen:

- »Über die vergangene Leitungssituation vermute ich, dass das Team mit selbstständiger Teamarbeit gar keine Erfahrungen hat.«
- »Ich merke, wie mich dieses Verhalten des Teams ärgert, denn da wird ja jede inhaltliche Arbeit mit blockiert«
- »Wenn ich mich mit einem Beteiligten identifiziere, ergibt sich daraus folgender Satz: ›Ich als Teammitglied finde schon seit langem, dass diese Sitzungen hier nichts bringen.‹«
- »Mir fällt die Metapher von einem Hamster im Hamsterrad ein. Du läufst und machst und ihr kommt trotzdem nicht vom Fleck.«
- »Ich habe die Phantasie, dass das Team eine Kommunikation von Angesicht zu Angesicht als nutzlos oder unangenehm empfindet.«

Der Bezug der Rückmeldungen liegt in der augenblicklichen Interaktion. Die Berater bleiben bei dem, was sie hören, sehen, fühlen. Daraus bilden sie die Resonanz, die zu ihrer Rückmeldung führt.

Die Berater orientieren ihre Rückmeldungen an den geschilderten Aussagen des Falles.

Sie formulieren sie so, dass sie für den Falleinbringer verstehbar und nachvollziehbar sind. Bezieht sich die Rückmeldung auf ein vom Falleinbringer benutztes Sprachbild, auf ein bestimmtes Wort oder einen bestimmten Inhalt, belegen die Fallberater dies in ihrer Aussage, z.B. »Ich hänge an deiner Formulierung … , dazu habe ich folgende Phantasie …«.

Die Berater kündigen Bilder und Metaphern an: »Während deiner Erzählung tat sich mir nicht nur das Bild von einer Katze auf, sondern ich sah mindestens vier Katzen, die alle um den heißen Brei herumschlichen.«

Die Annahmen, Vermutungen, Bilder und Metaphern helfen dem Falleinbringer, ihm schon bekannte Sachverhalte und Ereignisse neu zu sehen, zu erklären und zu verstehen. Die Zweckdienlichkeit der Rückmeldungen verifiziert der Fallgeber.

2. Hinweise zu häufig gestellten Fragen

Herkunft und Zukunft des Verfahrens

Die Ursprünge organisierter kollegialer Aussprachen zu berufsfeldbezogenen Problemen zeigen verschiedenste Verzweigungen[13], z.B.:

- Konsultationen, als fachliches Ratersuchen und Beraten zwischen Ranggleichen unterschiedlichster Berufe;
- Selbstqualifikationen innerhalb von Berufsverbänden;
- kollegiale Fallsupervisionen in der »Mittwochsgesellschaft« von Sigmund Freud;
- Balintgruppenarbeit (Gruppenberatung für Ärzte auf psychoanalytischer Grundlage von Michael Balint);[14]
- kollegiale Supervisionen in der Therapieausbildung unterschiedlicher Schulen;[15]
- Fallarbeit in Studiengängen, wie z.B. der Medizin, Rechts- und Wirtschaftswissenschaft, der Psychologie, um die Studieninhalte mit Situationen aus der Berufswelt zu verknüpfen;
- unterschiedlichste Selbsthilfegruppen im Sozial- und Bildungsbereich, in der Kirchen-, Gemeinde-, Stadtteil-, Suchtarbeit etc.

Ein organisierter Austausch in Form von Peer-Group-Supervisionen in der Sozialarbeit ist in der amerikanischen Literatur seit den 50er-Jahren aufgezeichnet.[16] Im deutschsprachigen Raum wurden ab den 70er-Jahren vermehrt Konzeptionen kollegialer Fallbesprechungen über die Sozialarbeit hinaus auch für pädagogische Arbeitsfelder veröffentlicht.[17] Neben der Sozialarbeit bildet besonders die Schule ein Einsatzfeld für Fallberatungen.[18]

Wurden zu Beginn die Beratungsschwerpunkte im Bereich beruflicher Beziehungsreflexion und dyadischer Kommunikation gesetzt, ist heute eine stärkere Einbeziehung institutioneller Team- und Organisationsstrukturen zu verzeichnen.

Einhergehend mit der Veränderung von Wirtschaftsbedingungen in den 90er-Jahren, durch die Weiterentwicklung von Kommunikationstechnologien, durch die Globalisierung und als Folge sich wandelnder Qualifikations- und Arbeitsplatzstrukturen, wurden in den Konzeptionen von Supervisionen und Fallberatungen – die sich zugleich selbst weiter professionalisierten – je nach Anwendungsbezug auch organisationssoziologische, systemische, konstruktivistische sowie betriebswirtschaftliche Denkansätze integriert.[19]

Entsprechend wandeln sich die Leitziele der Beratungsmodelle. Anfangs wurde kollegiale Beratung in Form einer Kasuistik betrieben, bei der es anhand mustergültiger Fälle um das Lernen des Richtigen ging. Heute stellt die Kollegiale Fallberatung ein eigenes Lernarrangement dar, einen Lernort, der durch kontinuierliches Erfahrungslernen langfristig zur Steigerung der Kommunikations-, Kooperations-, Selbst-, Sozial-, Methoden- und Fachkompetenz und damit nachhaltig zur Personal- und Organisationsentwicklung beitragen kann.[20]

Unterschiede zwischen Kollegialer Fallberatung und Supervision

Die Kollegiale Fallbesprechung, so wie sie heute verstanden, praktiziert und publiziert wird, zeichnet sich im Wesentlichen durch eine weitgehende Inhaltsanalogie zur Supervision aus.[21]

Entsprechend lauten weitere Benennungen der Kollegialen Fallbesprechung: »Supervision ohne Supervisor«, »semi-professionelle Selbst-Beratung«, »Intervision« oder »Peer-Supervision« (»peer« wird hier entsprechend dem Begriff »kollegial« mit »gleichrangig« übersetzt)[22] .

Unter **Supervision** wird ein professionelles[23] Beratungsverfahren verstanden, in dem mit Hilfe eines Supervisors – der die Leitung der Sitzungen inne hat, die Verantwortung für die Methodenauswahl übernimmt, die Vorgehensschritte bestimmt – zu einer systematischen Reflexion beruflichen Handelns angeleitet wird. Es wird kein fachliches Wissen zu spezifischen Arbeitsbereichen vermittelt, sondern **Probleme, die sich aus Interaktionen und Dynamiken im Arbeitsfeld ergeben**, werden reflektiert, z.B.:

- unterschiedliche Zielvorstellungen, Rollen- und Aufgabenauffassungen,
- Meinungen, Wertvorstellungen, Sichtweisen, Haltungen,
- Unterschiede in den Arbeitsweisen, differente Arten mit Problemen und mit anderen Personen umzugehen,

- Besonderheiten insbesondere in der beruflichen Interaktion, Kommunikation und Beziehungsgestaltung, die durch die persönliche Lebens- und Berufsgeschichte, durch die Positionierung in der Firma, durch die Zugehörigkeiten zu verschiedenen Abteilungen begründet sind.

Weiterhin kann nach spezifischen – hier nur schwerpunktmäßig genannten – **Teilaufgaben der Supervision** differenziert werden, z.B. der:

- Leitungsberatung, Beratung einer Leitung oder Leitungsgruppe;
- Projektberatung, Beratung eines Projektteams, oftmals an eine Krisenbegleitung gebunden;
- Teamberatung, Beratung einer Arbeitsgruppe i.d.R. ohne den Vorgesetzten;
- Organisationsberatung, Beratung einer gesamten Institution, eines Arbeitssystems.

In der Kollegialen Fallbesprechung wird die Beratungsaktivität auf die Bearbeitung von Problemfällen zentriert, die über die aktuellen Arbeitserfahrungen der Teilnehmer in die Beratungsgruppe eingebracht werden. Das Verfahren nutzt den Synergieeffekt der berufsfelderfahrenen Gruppe, um die individuelle Wahrnehmung einer Problematik durch die Sichtweisen von Berufskollegen so zu erweitern, dass der Fallgeber zu einer von ihm bestimmten »Sach- und Selbstklärung« gelangt, die als Ziel in Folgeschritten zu situations-, institutions- sowie personenangemessenen Entscheidungen und Handlungen führen soll.

Um eine Selbstleitung der Beratung durch die Teilnehmer zu ermöglichen und entsprechend alle Beteiligten an der Verantwortung bei der Durchführung teilhaben zu lassen, verfügt die Kollegiale Fallberatung über eine im Vorhinein veröffentlichte Schrittigkeit und Struktur. Diese Ablaufstruktur ist dann für alle folgenden Sitzungen verbindlich.

Die Dynamik unter den Teilnehmern, bspw. auftretende Konflikte, können mittels einer Selbstleitung nur schwerlich bearbeitet werden. Sie bedürfen eines unbeteiligten externen Supervisors.

Das Feld der Kollegialen Fallberatung zeigt verschiedene Konzeptansätze mit je nach Einsatzfeld spezifizierten Zielsetzungen sowie unterschiedlich eingesetzten Gesprächstechniken. Alle kollegialen Beratungsverfahren sind jedoch untereinander strukturähnlich.

Je nach Provenienz der jeweiligen Wissenschaften und Arbeitsfelder, der jeweiligen supervisorischen Ausbildungsinstitute, aus deren Bezug heraus diese kollegiale Beratung weiterentwickelt und modifiziert wurde, tragen sie vermischte Kennzeichen der Sozialarbeit und -pädagogik, der Psychologie sowie der Sozialwissenschaften.

Sie verfügen über einen durch Regeln strukturierten sowie in Phasen gegliederten Beratungsablauf, der im Kern folgende Schritte umfasst:

- Schilderung einer Problemsituation (Fallschilderung);
- je nach bevorzugtem Verfahren – ein durch Fragen oder Hypothesen geleitetes, systematisches Untersuchen des Falls hinsichtlich problemauslösender Faktoren;
- Entwicklung von Handlungsalternativen für die geschilderte Situation;
- Reflexion/Evaluation der Beratungssituation.

Das Funktionsprinzip einer Kollegialen Fallberatung

Zum Funktionsprinzip professioneller Beratung gehört es, die Wahrnehmung des Beratungsnehmers mit der Wahrnehmung des zuhörenden Beraters in Kontakt zu bringen. Aus dieser Differenz, aus diesem Abgleich entstehen neue, veränderte Sichtweisen eines Problems.

Diesem Vorgehen liegt die Theorie zugrunde, dass Handlungen durch interne, subjektiv konstruierte Vorstellungen von der Welt und der eigenen Person gelenkt werden. Jeder interpretiert ein Geschehen unwillkürlich aufgrund seiner internen Vorstellungen und Werthaltungen. Dabei werden nur Ausschnitte aus der Vielzahl von Informationen erfasst und aus diesen wird dann das individuelle »Bild« eines Ereignisses, eines Gesprächsablaufs, eines Gesprächspartners »konstruiert«.

Die individuelle Wahrnehmung als das Erleben äußerer Wirklichkeit ist keine konstante Größe, sondern ein Prozess, der von der momentanen Motivation, Emotion und der individuellen Lerngeschichte des Wahrnehmenden beeinflusst wird. Die Entscheidung, was wahrgenommen wird, ist von Mensch zu Mensch unterschiedlich und hängt von Kriterien ab, die dem Wahrnehmenden selbst oftmals weitgehend unbewusst bleiben.

Wenn wir hören, sehen oder fühlen, erhalten wir keine objektiven Aussagen, sondern nur durch unsere Art der Wahrnehmung konstruierte. Zwischen der äußeren Wirklichkeit und dem Ergebnis der Wahrnehmung besteht keine Beziehung im Sinne einer Entsprechung, sondern die Wahrnehmung folgt dem Prinzip der Subjektivität[24]. Der Einzelne konstruiert seine Umwelt durch die von ihm getroffenen Unterscheidungen und meint oftmals, die Wirklichkeit, die Realität, sei genauso beschaffen, wie es seinem Wahrnehmungsempfinden entspricht.

Gleichzeitig geht unsere Wahrnehmung immer mit Bedeutungszuweisungen einher. Wir nehmen selektiv wahr.

> **Beispiel:** *Umweltschützer nehmen eher Umweltschäden wahr, Insektologen fällt diese Spezies sofort auf. Einem Chef, der darauf »geeicht« ist, Leistungsschwächen auszumachen, wird bei seinen Mitarbeitern umgehend Defizite feststellen können, während ein Kollege, der versucht in anderen die immer auch vorhandenen Fähigkeiten zu sehen, eher Kompetenzen wahrnimmt.*

Unsere Zuweisungen sind nicht »objektiv«, sie sind an die Person und den Kontext des Zuweisenden gebunden und enthalten Be-Wertungen.

In der Kollegialen Fallberatung kann die Selbstwahrnehmung des Einzelnen durch die Konfrontation mit der Fremdwahrnehmung der anderen reflektiert werden. Das rekursive aufeinander Beziehen verschiedener Beobachtungen und Wahrnehmungen schafft die Einsicht, dass die eigenen mentalen Modelle und gewohnheitsmäßigen Sicht- und Handlungsweisen auch »blinde Flecken«[25] aufweisen können und dass ein Problem auch deshalb ein Problem ist, weil es als solches betrachtet wird.

Die kollegiale Beratungsarbeit führt, indem »Rationalitätslücken«[26] erkannt werden, zu einer Steigerung der »professionellen Rationalität«[27].

Die Menschenbildannahme in der Kollegialen Fallberatung

Die Möglichkeit, innere Wahrnehmungen und dadurch das eigene Handeln durch Lern- und Beratungsformen zu verändern, basiert auf der Annahme, dass jeder Person folgende Potenziale zur Verfügung stehen – auch dann, wenn sie sie nicht jederzeit optimal anzuwenden vermag oder diesbezüglich weiterer Entwicklungsbedarf besteht:

- **Rationalität**: die Fähigkeit, vernunftorientiert und absichtsvoll zu handeln, die eigene Wahrnehmung und Selbstsicht anhand von Erfahrungen zu überprüfen und zu ordnen;
- **Reflexivität**: die Fähigkeit, Annahmen zu bilden, zu überprüfen und zur Handlungssteuerung einzusetzen sowie die inneren Prozesse des Handelns, die Ziele, Intentionen, das Denken, Fühlen und Wollen zum Gegenstand des Nachdenkens zu machen;
- **Autonomie**: die Fähigkeit, eigene Entscheidungen selbstständig aus sich heraus zu treffen;
- **Kommunikation**: die Fähigkeit äußere und innere Prozesse zu verbalisieren.

Diese sogenannten **»Subjektiven Theorien«** [28] stehen in engem Zusammenhang mit der Entwicklung von berufsfeldbezogener Handlungskompetenz. Je reflektierter und ausgereifter die Subjektiven Theorien bei einer Person ausgeprägt sind, desto größer ist die Wahrscheinlichkeit, dass die daraus resultierenden Handlungen auch zum Erfolg führen.

Eine so postulierte Menschenbildannahme spricht jedem Mitarbeiter die Kompetenzen zu, die grundlegend für die Ausbildung lebenslangen Lernens sind und setzt damit eine notwendig Voraussetzung für eine »lernende Organisation«[29].

Strukturelle Voraussetzungen für Fallberatungsgruppen

Die Einführung
in das Verfahren einer kollegialen Fallberatungsgruppe kann für eine Firma oder für mehrere interessierte Mitarbeiter verschiedener Firmen in Form eines Workshops stattfinden. Auf der Tagesveranstaltung wird der Ablauf der Fallberatung in Theorie und Praxis anhand eingebrachter Fälle aus dem Berufsalltag der Teilnehmer vorgestellt *(learning by doing)*.

Die Einrichtung
einer kollegialen Fallberatungsgruppe erfordert in der Startphase die Hinzunahme eines im Verfahren erfahrenen Supervisors oder Beraters.

Seine Aufgabe ist je nach Zielsetzung unterschiedlich: Zum Kennenlernen des Verfahren führt er in die Beratungsschrittigkeit ein, vermittelt ein Feingefühl für den Umgang mit Regeln, wie der Verschwiegenheitspflicht und den Einsatz von Techniken, wie der Gesprächsführung. Zugleich wirkt er durch seine Anleitung und Mitarbeit als Modell für die Rolle der Beratungsmoderation und der Fallberater.

Soll die Kollegiale Fallberatung breit in einer Firma eingeführt werden, z.B. in Form eines Multiplikatorenmodells, ist es die Aufgabe des Beraters in den Ablauf sowie in die Didaktik und Methodik der Kollegialen Fallberatung einzuführen und alle Implementationsfragen beraterisch zu begleiten.

In fünf bis sechs Sitzungen können Firmenangehörige als Multiplikatoren weitergebildet werden. Als beratungsideal haben sich Gruppengrößen von fünf bis sieben Personen erwiesen. Die geschulten Mitarbeiter stehen dann in der Firma zur Verbreitung des Verfahrens zur Verfügung. In durch den Berater geleiteten Kontrollsupervisionen zu den selbstgeleiteten Sitzungen wird die Selbstleitung reflektiert und professionalisiert. (Zu Beginn sollten zwei Selbstleitungen durch eine Kontrollsupervision unterstützt werden – diese Intervalle dehnen sich mit fortschreitender Implementation.)

Die Umsetzung
der in der Fallberatung erarbeiteten und als notwendig und angemessen anerkannten Handlungsschritte erfordern vom Einzelnen ein oftmals über eine Reflexion hinausgehendes Interaktionsrepertoire. Das Erkannte lässt sich nur bedingt umsetzen, wenn das Handwerkszeug wie z.B. Moderationskenntnisse, Konferenzleitungs- oder Gesprächsführungstechniken fehlen. So kann es nötig sein, aufbauend auf den Reflexionen der Fallberatungen Leitungen und Mitarbeiter weiterzubilden.

Die Nachhaltigkeit der Umsetzung
von Arbeitsergebnissen erfordert neben dem genannten persönlichen Interaktionsrepertoire eine institutionell förderliche Firmen- und Gesprächskultur.

In dem Maße, in dem die Arbeitsergebnisse einer Kollegialen Fallberatung in einer Firma aufgenommen werden und eine Firmenleitung die für eine Umsetzung erforderlichen Bedingungen gewährleistet, wächst die Bereitschaft der Mitarbeiterschaft Arbeitshandlungen im Sinne eines kontinuierlichen Verbesserungsprozesses selbstreflexiv zu untersuchen sowie anstehende Handlungen im Sinne firmeninterner Zielsetzungen auch eigenverantwortlich zu vertreten.

Gesprächstechniken in der Kollegialen Fallberatung

Jedes kollegiale Beratungsverfahren bedarf einer Regelung der Interaktionen und des Gesprächsverhaltens, um ein nutzbringendes Beratungsresultat zu erzielen. Genutzt werden u.a.:

- vorgegebenen Frageformen, die wiederkehrend eingesetzt werden[30];
- alltagsübliche Frageformen, mit dem Hinweis sie auf Verständnisfragen zu beschränken[31];
- Hypothesen und Statements, um ohne Fragen beraten zu können.[32]

Semi-professionelle Berater gehen häufig davon aus, nur beraten zu können, wenn sie die Sachlage eines Falls in ihrer Gesamtheit kennen – dazu benötigen sie Fragen.

Das Führen einer Kollegialen Fallberatung über **das Stellen von Fragen** kann jedoch zu unbeabsichtigten Nachteilen führen:

- Fragen besitzen Aufforderungs- und Lenkungscharakter, sie heben auf eine Erwiderung des Befragten ab und lenken die Konzentration in die Richtung der Frage. Die befragte Person bekommt die Verantwortung zugewiesen, die mit der Frage begonnene Sequenz fortzusetzen. Sie lenken damit den Aufmerksamkeitsfokus auf die genannten Aspekte des Fragestellers und können den Fallgeber veranlassen nicht mehr seine, sondern die beim Fragesteller vermutete Problemsicht zu thematisieren. Somit können Fragen die Antwortmöglichkeiten eines Fallgebers einschränken, begrenzen oder dazu verleiten gemäß einer hinter der Frage vermuteten Denkrichtung zu antworten. Damit besteht die Gefahr, Wert-, Denk- und Handlungsvorstellungen ungeprüft in die eigene Passung zu übernehmen, Alternativen können dann nur noch erschwert angedacht werden.

- Fragen können abwertend wirken, indem in einer scheinbar harmlosen Weise auf Schwächen oder Fehler hingewiesen wird. Der Befragte gerät unter Rechtfertigungsdruck, er fühlt sich ausgefragt.
- Fragen werden im Berufsalltag meist gestellt, um den Informationsbedarf des Fragers zu stillen. Die Überlegungen, Vermutungen und Hypothesen, die zu exakt dieser Frage geführt haben werden nicht mit veröffentlicht, der Fragende behält i.d.R. den Fragehintergrund für sich. Dies kann wie »ein Verschleiern der wahren Absichten« des Fragestellers wirken und den Befragten verunsichern. Wird dieses unbeabsichtigt in die kollegiale Beratung übernommen, kann es dazu führen, dass sich der Befragte wie auf dem »Prüfstand« fühlt und auf »sachlich« gemeinte Fragestellungen mit »un-sachlichem« Argwohn gegenüber dem Frager reagiert[33].

Unausgesprochenen Befürchtungen oder Misstrauen und Skepsis gegenüber den Absichten der anderen konterkarieren die Arbeit einer kollegialen Beratung.

Die Fallberater können auch ohne einen Gesamtüberblick des Falles beraten. Aufgrund der Aussagen und Eindrücke, die ihnen im Augenblick vorliegen formulieren sie ihre Rückmeldung in Form bildhafter Vorstellungen, Hypothesen und Vermutungen, z.B. »Ich merke, wie mir bei der Erzählung Ärger über das Verhalten von ... aufsteigt.« – »Die Beteiligten verhalten sich wie bei einem Wettspiel, bei dem es um Sieger und Verlierer geht.« – »Aus der Rolle des ... sage ich, ›Nur wenn die anderen einlenken, tue ich das auch‹«. – »Auf Grund deiner Äußerung ... vermute ich, dass sich die ... als heimliche Leiterin fühlt.« usw.

Werden Fragen als Reflexionsangebote für die beratungsnehmende Person verwandt, bedürfen die Berater hierzu i.d.R. eines speziellen Gesprächstrainings.

Umgang mit Variationen und Erweiterungen in der Kollegialen Fallberatung

Der Aufbau, die Struktur und der systematisierte Ablauf der Kollegialen Fallberatung sollen es semi-professionellen Beratern ermöglichen, sich auch ohne professionelle Beratungskenntnis zu beraten.

Die Struktur fokussiert die Ausrichtung der Teilnehmer auf den »roten Faden« der Beratung und gewährleistet das Erreichen eines praktikablen Beratungsergebnisses. Sie ist damit als Orientierung notwendig, sollte aber auf ein notwendiges Maß beschränkt sein, da sie sonst einschränkend wirken kann.

Variationen und Erweiterungen, die zu viele Strukturelemente vorgeben, laufen Gefahr, dass die Aufmerksamkeit der Teilnehmenden sich mehr auf die Erfüllung der Vorgaben als auf die eigentliche Beratungstätigkeit ausrichtet.

Der für eine erfolgreiche Beratung notwendige Spaß und die Neugierde an den Personen, Fällen, an der Beratungssituation – die zu einem Reichtum an kreativen Ideen führen – leiden bei einer Überstrukturierung.

Visualisierungshilfen

Visualisierungshilfen sind dann eine sinnvolle Erweiterung, wenn sie den Beteiligten die Situation zusätzlich verdeutlichen.

Strukturskizzen, die der Fallgeber parallel oder im Anschluss zu seiner Fallerzählung anfertigt, eignen sich zur Darstellung von Arbeitsbeziehungen in einer kollegialen Fallberatungsgruppe eher als frei assoziative Zeichnungen. Die offene persönliche Form der zeichnerischen Darstellung lädt Berater oftmals ein die Bilder psychologisch zu deuten. Mögliche daraus entstehende Kränkungen lassen sich im Rahmen einer Kollegengruppe meist nicht bearbeiten und können dann die Beziehungs- und Arbeitsebene der Beteiligten erheblich strapazieren.

Strukturskizzen bedienen sich einfacher, schnell erfassbarer Symbole, mit deren Hilfe es möglich ist, eine aktuelle Arbeitssituation graphisch darzustellen. Mit Hilfe der Symbole können eigene Sichtweisen und Deutungen nachvollziehbar dargestellt werden.

Jede Visualisierung stellt jedoch nur eine Momentaufnahme dar, gebunden an einen bestimmten Kontext zu einer bestimmten Zeit. So wie sich im Laufe der Beratung Betrachtungsweisen ändern können, verändern sich entsprechend auch Aspekte der Strukturskizze.

Fallhintergrund:
Teamleiter A (Fallgeber) schildert, dass sowohl er als auch ein Teammitglied seiner Gruppe von zwei anderen Teamleitern – die wiederum unter einander rivalisieren – heftig angegangen werden. Die Arbeitsbeziehungen zu den eigenen Teammitgliedern schildert A als sehr konstruktiv.

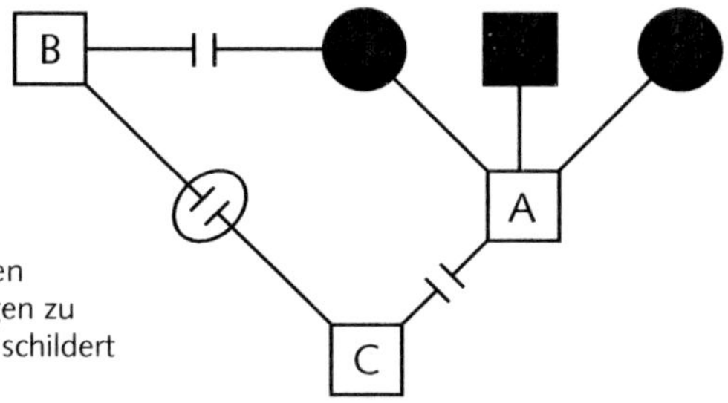

□ Männliches Mitglied des Systems — ⊣⊢ offener Konflikt

● weibliches Mitglied des Systems — verdeckter Konflikt

Abb. 3: Beispiel einer Visualisierung[34]:Strukturskizze

Simulationen / Probehandlungen / Rollenspiele

Die Kollegiale Fallberatung entwickelt Grundlegungen für personen- wie institutionsangemessene Entscheidungen, Lösungen und Handlungen durch schrittweise Erweiterung der Wahrnehmungs- und Verstehensfähigkeit für die Bedingungen, Komponenten und Verläufe von Problemfällen.

Veränderte Verhaltensmöglichkeiten werden dabei angesprochen, jedoch nicht ausprobiert. Aus dem Bedürfnis heraus, besser für eine Umsetzung vorbereitet zu sein, entsteht der Wunsch, das persönliche Handeln in Rollenspielen und Simulationen zu erproben, sie gelten als »offenlegende, erlebnisaktivierende Methoden«.[35] Sie »leben« von der Balance, den Teilnehmer einerseits soweit in aktuelle persönliche Verhaltensweisen zu versetzen, dass ein günstig hoher Grad an persönlicher Betroffenheit erreicht wird, andererseits jedoch eine zu weit gehende Exponierung und Offenlegung der Intimsphäre der agierenden Person ausgeschlossen werden kann. Allerdings können z.B. Rollenspiele auf Grund ihres relativ geringen Rollenschutzes zu Dynamiken führen, die eine semi-professionelle Fallberatungsgruppe in ihren Möglichkeiten der Selbstleitung überfordern.

Die hier dargelegten Verbalisierungsformen ermöglichen eine Auseinandersetzung mit Berufskollegen bei einem gleichzeitig hohen Maß an persönlichem Schutz. Der Fallgeber erhält durch den Wechsel von Beraterrückmeldung und eigener Fallerzählung Zeit, sowohl über seine Beweggründe in der Fallsituation als auch über die Detailtreue seiner Erzählung nachzudenken. Diese Verlangsamung ermöglicht es ihm, die Art und Kongestion seiner Aussagen zu kontrollieren. Es entsteht ein »Schutzraum«, in dem das für eine Kollegiale Fallberatung notwendige Vertrauen unter den Teilnehmern wachsen kann.

Anmerkungen

1 Gibran, K. (2002) Der Prophet, Von der Selbsterkenntnis. München 2002, 70

2 »dialogisches Lernarrangement« (»dia...« [griech.], Vorsilbe mit der Bedeutung »durch, hindurch, zwischen«; »logos« [griech.-lat.] in der Bedeutung von »sinnvollem Wort«) bezeichnet eine Metaebene zur Erschließung, Verdeutlichung und Reflexion von im Alltagssprachgebrauch nichtveröffentlichten, latenten Annahmen, Überzeugungen, Gefühlen, die in die individuelle Wahrnehmung und Interaktion einfließen. (Vgl. Buber, M.: Das dialogische Prinzip. Heidelberg 1984; Bohm, D.: Der Dialog. Stuttgart 1993; Isaacs, W.: Dialog als Kunst gemeinsam zu denken Bergisch Gladbach 2002.)

3 Die Kultur einer Organisation bildet sich als ein Gefüge aus Vorstellungen, Werthaltungen, Verhaltensnormen, Denk- und Handlungsweisen, das alle Beteiligten erfasst, von ihnen weitgehend geteilt und an neu Hinzukommende weitergegeben wird. Sie umfasst zugleich die Gesamtheit der Lern- und Entwicklungspotentiale einer Firma. Eine Organisationskultur erzeugt grundlegende Leitlinien von überwiegend nicht mehr hinterfragten, selbstverständlichen Einstellungen und Handlungen. Dieses Muster wird durch Interaktion und Kommunikation konstruiert, gestützt und modifiziert.

Folgt man dem Anspruch »lernender Organisationen« ist die Organisationskultur im Sinne einer Lernkultur so zu verändern, dass »selbstgesteuertes Lernen« ermöglicht wird, Wissensaustausch, individuelles und organisationales Lernen angeregt werden (s.a. Anm. 22).

Die Fallberatung bietet ein hierzu passendes Lernarrangement, zugleich dient sie als Instrument, die Organisations- und Lernkultur zu reflektieren.

Vgl.: Arnold, R./Schüßler, I.: Wandel der Lernkulturen: Ideen und Bausteine für ein lebendiges Lernen. Darmstadt 1998; Bleicher, K.: Organisation. Strategien, Strukturen, Kulturen. Wiesbaden 1991, 731ff.; Schein, E. H.: Coming to a new awareness of organizational culture, 4. In: Sloan Management Review 25.1984, Nr. 2, 3–16; Schein, E. H.: Über Dialog, Kultur und Organisationslernen. In: Fatzer, G. (Hg.): Organisationsentwicklung und Supervision. Erfolgsfaktoren bei Veränderungsprozessen. Trias-Kompass 1. Köln 1996, 209-228; Schreyögg, G.: Organisation. Grundlagen moderner Organisationsgestaltung. Wiesbaden 1999, 435ff.; Steimann, H./Schreyögg, G.: Management. Grundlagen der Unternehmensführung. Konzepte, Funktionen, Fallstudien. Wiesbaden 2000, 621ff.

4 Schon bei der Kontraktierung des Beratungsvertrags erfährt die institutionelle und/oder persönliche Vor- bzw. Hintergrundgeschichte einer Anfrage nach Supervision wesentliche Bedeutung: Die Kontexte und Entscheidungen unter denen Supervision nachgefragt wird, können Hinweise geben, über die jeweilige Kultur der Einrichtung, die Organisations- und Interaktionsstruktur, über den aktuellen Kommunikationsprozess sowie über das Hintergrundproblem. Der amerikanische Organisationswissenschaftler Edgar Schein fasst die, in dieser Situation zielführende Beraterhaltung mit den Worten zusammen: »Who is the Client?«. Aus dieser »Nachfrageanalyse« (Wellendorf 2000) erschließen sich erste Handlungsformen zum Umgang mit dem nachfragenden System bzw. zur Beratung. (Schein, E. H.: Process Consultation. 2. ed. Reading/Ma 1987, 117; Schein, E. H.: Das Konzept des Klienten in der Prozessberatung. In: Profile 1.2001, 10-24; Wellendorf, F.: Supervision als Institutionsanalyse und zur Nachfrageanalyse. In: Pühl, H. (Hg.): Handbuch der Supervision 2. Berlin 2000, 30-40

5 Die zu dieser Leistung notwendigen Grundfähigkeiten beschreibt Krappmann als *Empathie* (die Fähigkeit, sich in die Psyche des oder der Kommunikationspartners hineinzuversetzen, um zu erkennen, welche Verhaltensformen sich im Augenblick noch mit den gängigen Interpretationsmustern vereinbaren lassen), *Rollendistanz* (die Fähigkeit, übernommene Rollen und Normen auf den Hintergrund neuer, veränderter Situationen distanziert betrachten und modifizieren zu können), *Ambiguitätstoleranz* (die Fähigkeit, von der eigenen Erwartung divergente Bedürfnisse anderer zu tolerieren, zuzulassen und sie bspw. bei Konfliktlösungen zu berücksichtigen), *kommunikative Kompetenz* (die Fähigkeit, die eigene Rollen- und Situationsinterpretation in einer angemessenen, verständlichen Sprache darstellen zu können); s. Krappmann, L.: Lernen durch Rollenspiel, 1972, 36. In: Kochan, B. (Hg.): Rollenspiel als Methode sprachlichen und sozialen Lernens. Königstein/Ts, 1981, 31-50.

6 Watzlawick, P./Weakland, J. H./Fish, R.: Lösungen. Zur Theorie und Praxis menschlichen Wandels. Bern u.a. 1974, 44f.

7 Der Funktion des Gehirns scheint es zu entsprechen, nach einer Lernphase – entsprechend einer Beratung – eine Pause einzulegen. Nach Beendigung einer Lernperiode steigt die Erinnerung noch an, da in dem Augenblick, in dem die Lernperiode beendet ist, das Gehirn noch nicht genügend Zeit hatte, die neuen Informationen, die es assimiliert hat, auch zu integrieren. Das Gehirn benötigt Zeit, um alle wechselseitigen Verbindungen herzustellen und fest mit dem vorhandenen Material zu verknüpfen – es »einsinken« zu lassen. Vgl. Buzan, T.: Kopftraining. München 1984.

8 Rimmasch, T.: Problemlösungen durch kollegiale Beratung. Eine Form gegenseitiger beruflicher Beratung in einer selbstgeleiteten Gruppe von Schulleitungskollegen, 7. In: Pantel, G. (Hg.): Neue Praxis der Schulleitung. 48. Erg. der Losebl.-Ausg., Berlin 1999, Kap. G 10.11, 1-24.

9 Im Sinne eines Qualitätsmanagements sollten sowohl mögliche Handlungserfolge als auch sich neu ergebende Problemkonstellationen in der nächsten Fallberatung auf die Wirkfaktoren hin reflektiert werden.

10 Vgl. Gührs, M., Nowak C.: Das konstruktive Gespräch. Ein Leitfaden für Beratung, Unterricht und Mitarbeiterführung mit Konzepten der Transaktionsanalyse. Meezen 1993

11 Rimmasch, T.: Erfolgreiche Gespräche. Grundlegende Fertigkeiten zur Führung von Gesprächen, 14f. In: Buchen, H./Horster, L./Rolff, H.-G. (Hg.): Schulleitung und Schulentwicklung. Erfahrungen, Konzepte, Strategien. 19. Erg. der Losebl.-Ausg., Berlin 1998, Kap. D 2.3, 1-20

12 ebd.

13 Vgl. Fengler, J./Sauer, S./Stawicki, C.: Peer-Group-Supervision. In: Pühl, H. (Hg.): Handbuch der Supervision 2. Berlin 2000, 172-183

14 Fatzer, G. (Hg.): Supervision und Beratung. Ein Handbuch. 10. Aufl. Bergisch Gladbach 2003

15 ebd.

16 Belardi, N.: Supervision. Von der Praxisberatung zur Organisationsentwicklung. Paderborn 1992, 111f.; Fatzer (Hg.): Erfolgsfaktoren von Veränderungsprozessen. Organisationsentwicklung und Supervision. Trias-Kompass 1. Köln 1996

17 Vgl. Gudjons, H.: Fallbesprechungen in Lehrergruppen. In: Westermanns pädagogische Beiträge 29.1977, H. 9, 373-379; Schlee, J.: Beratung und Supervision in kollegialen Unterstützungsgruppen, 198; In: Pallasch, W./Mutzek, W./Reimers, H. (Hg.): Beratung, Training, Supervision. Eine Bestandsaufnahme über Konzepte zum Erwerb von Handlungskompetenz in pädagogischen Arbeitsfeldem. Weinheim u.a. 1992, 188-200; Beucke-Galm, M./Fatzer, G./Rutrecht, R. (Hg.): Schulentwicklung als Organisationsentwicklung. Trias-Kompass 2. Köln 1999

18 Vgl. Mutzeck, W.: Kooperative Beratung. Grundlagen und Methoden der Beratung und Supervision im Berufsalltag. Weinheim 1996

19 Vgl. Fatzer, G./Rappe-Giesecke, K./Looss, W.: Qualität und Leistung von Beratung: Supervision,Coaching, Organisationsentwicklung. 2. Aufl. Bergisch Gladbach 2002; Belardi, N.: Beratung. Weinheim u.a. 2001; Belardi, N.: Supervision, Organisationsentwicklung, Evaluation. Hamburg 2001; Belardi, N.: Supervision. München 2002; Berker, P./Buer, F. (Hg.): Praxisnahe Supervisionsforschung. Münster 1998

20 Die Kollegiale Fallberatung hat seit 1996 festen Bestand in der Schul- und Seminarleitungsfortbildung in Nordrhein-Westfalen; Nach einer eintägigen Einführungen werden sechs bis acht durch einen Supervisor angeleitete Sitzungen durchgeführt, bei denen die Leitungen anhand der Bearbeitung eigener Praxisfälle die Verfahrensstruktur und durch eine schrittweise Übernahme die Rollen des Fallgebers, Beraters und Sitzungsleiters erleben und erlernen. In der sich anschließenden Selbstleitungsphase der Gruppen steht der Supervisor auf Anfrage für Prozessreflexionen zur Verfügung; In einer Wirksamkeits-Evaluationen zu der

Frage »Von welchen Arbeitsformen haben sie für ihre Leitungspraxis in besonderer Weise profitiert?« rangiert die Fallberatung nach den Nennungen »Konfliktmanagement«, »Mitarbeitergespräch«, »Personalführung« auf Platz 4. Vgl. Landesinstitut für Schule: Lehrerfortbildung in Nordrhein-Westfalen, Fortbildung für Leitungsmitglieder in Schule und Studienseminar, Landesweite Auswertung, 3. Durchgang, 01/2002, 6; »Insgesamt hat sich die Arbeit in Fallberatungsgruppen zu einem tragenden Moment der Fortbildungsmaßnahme für Leitungsmitglieder in Schule und Studienseminar entwickelt. In gesonderten Befragung zur Arbeit in den Fallberatungsgruppen der Kurse wurde die unterstützende Wirkung bei der Erweiterung der Beratungskompetenz, der Erweiterung des Verhaltensrepertoires im Umgang mit Konflikten, das Erwerben von Souveränität im Leitungshandeln und das Entwickeln von Rollenklarheit herausgestellt.« Vgl. Landesinstitut für Schule: Lehrerfortbildung in Nordrhein-Westfalen, Fortbildung für Leitungsmitglieder in Schule und Studienseminar, Evaluationsbericht, 4. und 5. Durchgang, 01/2002, 9 (s.a. Beucke-Galm, M./Fatzer, G./Rutrecht, R. (Hg.): Schulentwicklung als Organisationsentwicklung. Trias-Kompass 2. Köln 1999; Fatzer (Hg.): Erfolgsfaktoren von Veränderungsprozessen. Organisationsentwicklung und Supervision. Trias-Kompass 1. Köln 1996).

21 Zur Praxis der Supervision: vgl. Fatzer, G. (Hg.): Supervision und Beratung. Ein Handbuch. 10. Aufl. Bergisch Gladbach 2003; Buer, F.: Lehrbuch der Supervision. Der pragmatisch-psychodramatische Weg zur Qualitätsverbesserung professionellen Handelns. Münster 1999; Fatzer, G. (Hg.): Organisationsentwicklung für die Zukunft. Ein Handbuch. 2. Aufl. Köln 1999; Fatzer (Hg.): Erfolgsfaktoren von Veränderungsprozessen. Organisationsentwicklung und Supervision. Trias-Kompass 1. Köln 1996.

22 Vgl. Thiel, H.-U.: Zur Verknüpfung von kollegialer und professioneller Supervision, 184. In: Pühl, H. (Hg.): Handbuch der Supervision 2. Berlin 2000, 184-200

23 Im Kontext von Beratung kennzeichnen die Benennungen »professionell«, »nicht-professionell« oder »semi- professionell« – oftmals vermischt – folgende Aspekte:

- den formellen bzw. informellen Rahmen innerhalb dessen beraten wird, z.B. beruflich oder privat zwischen befreundeten Personen,
- den Ausbildungsstand oder Professionalisierungsgrad der Berater,
- das Beratungskonzept – eine alltagsweltliche Beratung, z.B. in Form eines Ratschlaggebens oder ein spezifisch supervisorisches Konzept.

Eine »Kollegiale Fallberatungsgruppe« wird – auch bei professionellen Beratungsverfahren – auf Grund der semi-professionellen Leitung eher als nichtprofessionelle Beratung bezeichnet (vgl. Boetcher, W.: Beraten lernen. Schulleitungsseminar, Lehrerfortbildung Nordrhein-Westfalen, Landesinstitut für Schule und Weiterbildung, Soest 1997, 19ff.).

24 Vgl. Groeben, N./Wahl, D./Schlee, J./Scheele, B.: Forschungsprogramm Subjektive Theorien. Eine Einführung in die Psychologie des reflexiven Subjekts. Tübingen 1988, 292-310

25 Luhmann führt in Bezug auf Institutionen dazu aus: »Ein System kann nur sehen, was es sehen kann. Es kann nicht sehen, was es nicht sehen kann. Es kann auch nicht sehen, dass es nicht sehen kann, was es nicht sehen kann. Das verbirgt sich ›hinter‹ dem Horizont, der für das System kein ›dahinter‹ hat.« (Luhmann, N.: Ökologische Kommunikation. Kann die moderne Gesellschaft sich auf Gefährdungen einstellen? Opladen 1986, 52).

26 Kühl, S.: Rationalitätslücken. Ansätze für eine Organisationsberatung jenseits von Zweckrationalitätsvorstellungen. In: Profile 3.2002, 106-124

27 Schlee, J.: Beratung und Supervision in kollegialen Unterstützungsgruppen, 198. In: Pallasch, W./Mutzek, W./Reimers, H. (Hg.): Beratung, Training, Supervision. Eine Bestandsaufnahme über Konzepte zum Erwerb von Handlungskompetenz in pädagogischen Arbeitsfeldern. Weinheim u.a. 1992, 188-200

28 Kelly, G.A.: Die Psychologie der persönlichen Konstrukte. Paderborn 1986

29 Franz weist darauf hin, dass es i.d.R. nicht ausreicht, »nur das Verhalten der Beschäftigten verändern zu wollen [...] Nachhaltige Verhaltensänderungen können nur dann erwartet und bewirkt werden, wenn auch die Verhältnisse so geändert werden, dass die ihnen entsprechende Verhaltenslogik das gewünschte bzw. neu erlernte Verhalten begünstigen.« (Franz, H.-W.: Wie lernen Organisationen, wie Organisationen lernen? 321f. In: Sozialwissenschaften und Berufspraxis 22.1999, H. 4, 321-329)

30 Im Beratungsverfahren »Kollegiale Beratung und Supervision (KoBeSu)« wird teilweise mit vorformulierten Fragen beraten. Mit dem Beratungsnehmer werden Fragen abgesprochen, die ihm dann von den Beratern wiederholt gestellt werden, so dass die beratungsnehmende Person auf die selbe Frage mehrfach antworten muss. (vgl. Schlee, J.: Veränderung Subjektiver Theorien durch Kollegiale Beratung und Supervision (KoBeSu). In: Schlee, J./Mutzeck, W. (Hg.): Kollegiale Supervision. Modell zur Selbsthilfe für Lehrerinnen und Lehrer. Heidelberg 1996, 149-167

31 Um den Fall nachvollziehen zu können, stellen die Berater »gezielte Verständnisfragen«, ansonsten konzentrieren sie sich auf »offene Fragen« (vgl. Galler, K./Kopp, R./Vonesch, L.: Kollegiale Fallberatung in der organisationellen Praxis. 94. In: Personal 2001, H.2, 90-96).

32 Die Berater beraten ohne Frageformulierungen, sie melden in Form von Hypothesen dem Fallgeber ihre Wahrnehmungen über das Fallgeschehen zurück. Diese Gesprächsform unterscheidet sich sowohl von Alltagskommunikationen als auch von extern geleiteten Supervisionen. (Vgl. Mosing-Boettcher, G.: Kollegiale Fallberatung in Schulen. Reflexion und Erweiterung der eigenen Beratungskompetenz. In: Buchen, H./Horster, L./Rolff, H.-G. (Hg.): Schulleitung und Schulentwicklung. Erfahrungen, Konzepte, Strategien. 19. Erg. der Losebl.-Ausg., Berlin 1999, Kap. D 3.5, 1-16.)

33 Klein, R.: Fragestrategien in sozialen Interaktionen. Heidelberg 1990, 17f.; Bodenheimer, A.R.: Warum? Von der Obszönität des Fragens. Stuttgart 1995

34 Rimmasch, T./Mattern, K.: Konfliktdiagnostik und Gesprächsführung. Leitfragen zur Konfliktintervention und Konfliktregelung, 14. In: Pantel, G. (Hg.): Neue Praxis der Schulleitung. 57. Erg. der Losebl.-Ausg., Berlin 2001, Kap. G 9.1, 1-23

35 Zum Einsatz, zur Anwendung und Wirkung von Simulationen und Probehandlungen vgl. Rimmasch, T.: Konzeption und Design einer Schulleitungsfortbildung – Alkoholmissbrauch am Arbeitsplatz Schule, 54ff. In: Wittinger, T. (Hg.): Psychodrama in der Bildungsarbeit. Mainz 2000, 46-63.

Ralf Kopp / Lukas Vonesch

Die Methodik der Kollegialen Fallberatung[1]

1. DIE METHODE IM ÜBERBLICK

Die Methode kann von Führungskräften verschiedenster Hierarchieebenen und Funktionsbereiche erfolgreich eingesetzt werden. Im Kern handelt es sich um eine strukturierte Fallbesprechung im Rahmen einer Sitzung, bei der die Anwesenden verschiedene Aufgaben zur Problembearbeitung übernehmen.

Die Kollegiale Fallberatung ist eine pragmatische Methode, die eine strukturierte Problembehandlung und kontinuierliches Lernen ermöglicht. Sie eignet sich hervorragend zur problemorientierten Wissensintegration und mobilisiert Know-how in Arbeitsgruppen, Erfahrungswissen verschiedenster Funktionsbereiche, innerhalb und zwischen Teams, Abteilungen oder Organisationen. Die Kollegiale Fallberatung stellt für Problemlösungen oder in Konflikt- bzw. Spannungssituationen eine effiziente und nutzbringende Methode dar, mit der sich in kurzer Zeit Klärung und Lösungen erreichen bzw. persönliche Entwicklungsprozesse initiieren lassen.

Die Kollegiale Fallberatung zeichnet sich durch geringe Komplexität, schnelle Verfügbarkeit und vielseitigen Nutzen aus. Mit bescheidenem Zeitaufwand können innovative Ergebnisse erzielt und die Vertrauensbildung innerhalb der Gruppe gefördert werden. Die Methode kann in relativ kurzer Zeit erlernt und nach einer Einführung und ersten Begleitung durch eine erfahrene Person selbstständig eingesetzt werden.

In Sitzungen von rund 90 Minuten arbeiten die Teilnehmer aktiv in den Rollen als Fallgeber, Berater, Moderator, Schreiber und Prozessbeobachter. Sie durchlaufen dabei die klar definierten Phasen Fallbeschreibung, Analysen- und Hypothesenerstellung, Zieldefinition und Fokussierung auf ein Schlüsselthema, Erarbeitung von Lösungsvorschlägen, Ideenbewertung und Prozessreflexion. Durch den Rollenwechsel bei wiederholten Beratungen können hohe Lerneffekte in Moderations-, Frage- und Beratungstechniken sowie in der Selbst- und Prozessreflexion erreicht werden.

Die hier dargestellte Methode der **Kollegialen Fallberatung ist eine »Sonderform der Beratung im beruflichen Bereich«** (Schlee/Mutzeck 1996, 11) **und stammt ihrer Herkunft nach aus dem Bereich der Supervision**. Überraschenderweise liegt das Haupteinsatzgebiet der Kollegialen Fallberatung trotz nahe liegender Verwendungsmöglichkeiten für betriebliche Praktiker bis heute überwiegend im pädagogischen Umfeld der Lehrerausbildung (vgl. Fallner/Gräßlin 1990; Haug-Benien/Griepenburg 1998). Vielleicht liegt es an Vorbehalten gegenüber schulischen Methoden und Instrumenten im Hinblick auf ihre Wirksamkeit in der betrieblichen Praxis, dass die Vorstellungen darüber »vage sind oder eine negative Tönung haben« (Schlee/Mutzeck 1996, 11). Schaut man sich aber einmal konkret an, welche Ziele mit der Kollegialen Fallberatung angestrebt werden, so ist die Nähe zu organisationalen Anforderungen evident.

Die Kollegiale Fallberatung soll u.a.:

- direkt vor Ort einsetzbar sein,
- ohne großen Vorbereitungs- und Infrastrukturaufwand realisierbar sein,
- eigenes Expertentum stärken und unabhängig von außenstehenden Fachkräften erfolgen,
- eigene vorhandene Ressourcen und Spielräume besser ausschöpfen,
- Persönlichkeitsentwicklung fördern,
- helfen mit Belastungssituationen umzugehen,
- Probleme lösen und neue Handlungsperspektiven eröffnen,
- Reflexionsfähigkeit erhöhen,
- vielfältige Sichtweisen miteinander konfrontieren und integrieren.

Die Kollegiale Fallberatung:

- entwickelt Problemlösungen für Sachfragen und Klärungen für persönliche Spannungssituationen
- ist eine schnell erlern- und einsetzbare Methode und strukturierte Form der Beratung
- ist eine methodische Hilfe in einem langfristig angelegten Lern- und Entwicklungsprozess
- fördert die gegenseitige Unterstützung, die Bildung von Netzwerken und die Einübung von Moderations-, Beratungs- und Problemlösungstechniken
- basiert auf den Grundüberlegungen: Leistungsorientierung, Teamorientierung, Vertrauen und Offenheit
- will die Stärken der Personen weiterentwickeln, indem sie Ressourcen eine Teams bzw. einer Organisationen nutzt.

Abb. 4: Ziele der Kollegialen Fallberatung

Angesichts der Anforderungen wundert man sich, dass Kollegiale Fallberatung weder in der Praxis entstanden ist noch breitere Verwendung gefunden hat. Zwar wurden im Rahmen systemischer Organisationsberatung ähnlich angelegte Methoden auch im Organisationskontext eingesetzt, eine mit betrieblichen Praxisbeispielen unterfütterte, gut strukturierte und nachvollziehbare Darstellung der Kollegialen Fallberatung steht aber bis heute aus. In Anknüpfung an verschiedenste Quellen (Schlee/Mutzeck 1996; Beratungskonzepte der Hamburger Gruppe und des Managementzentrums St. Gallen) wurden einzelne Elemente der Kollegialen Fallberatung zusammengetragen und für organisationelle Einsatzmöglichkeiten angepasst.

Die Kollegiale Fallberatung:

- nutzt die Kenntnisse und Erfahrungen der Teilnehmer und setzt sie zur Weiterentwicklung der Personen, des Teams und der Organisation ein
- fokussiert nicht nur auf eine punktuelle Themen- oder Problemstellung, sondern zielt auf eine ganzheitliche Wahrnehmung der Person und Situation
- fördert durch den kollegialen Austausch die gegenseitige Beratung, das Verständnis, die Offenheit und das Vertrauen zwischen den Teilnehmern
- beruht auf Kompetenzen und Prinzipien, die einfach in vielfältigen Situationen einsetzbar sind, und erzielt dadurch eine hohen Transfereffekt
- unterstützt das kontinuierliche Selbstlernen der Teilnehmer und des Teams und macht weitgehend unabhängig von externer Unterstützung
- stärkt die Kompetenz, das Selbstvertrauen und die Eigeninitiative der Teilnehmer und ermutigt sie, Problemstellungen und Zielsetzungen anzugehen
- arbeitet mit klaren Methoden-, Rollen- und Zeitvorgaben und ermöglicht nachhaltige Ergebnisse

Abb. 5: Merkmale der Kollegialen Fallberatung

1.1 Die Rollen[2]

In der Kollegialen Fallberatung übernimmt jeder Teilnehmer aktiv eine klar definierte Rolle. Die Aufteilung wird in jeder Fallrunde gewechselt. Jede Rolle beschreibt bestimmte Aufgaben, Leitfragen und Verhaltensweisen, die für das Gelingen der Methode entscheidend sind.

1.	Fallgeber	Schildert sachliche und persönliche Aspekte der aktuellen Situation mit großer Offenheit; ist an Beratung und Lösung interessiert; ist offen für Perspektivenwechsel und neue Sichtweisen
2.	Berater	Zeigen ehrliches Interesse und respektvolle Haltung; stellen sich auf Sichtweisen des Fallgebers ein; verzichten auf vorschnelle Ratschläge sondern unterstützen mit Fragen, Eindrücken und Möglichkeiten
3.	Moderator	Sichert systematischen Ablauf durch Methoden-, Zeit- und Rollendisziplin; führt durch Phasen, unterstützt Fallgeber und achtet auf Einhaltung der Beraterrolle
4.	Schreiber	Sichert durch Protokollieren die Ergebnisse der Diskussionen und Bewertungen in den Phasen
5.	Prozessbeobachter	Führt die Prozessreflexion als Abschluss der Kollegialen Fallberatung; gibt Feedback zu den Rollen

© Kopp/Vonesch 2002

Abb. 6: Rollen in der Kollegialen Fallberatung

1.2 Der Ablauf

Die Kollegiale Fallberatung hat eine einfache und klar definierte Ablaufstruktur. Wichtig dabei ist primär die Trennung von Analyse- und Lösungsphase. Kennzeichnend ist auch, dass – nicht wie in vielen vergleichbaren Methoden – das Ziel, auf welches der Beratungsprozess fokussiert, bereits zu Beginn benannt wird, sondern erst nach der Analysephase erarbeitet wird.

1.3 Die Einsatzfelder

Die Kollegiale Fallberatung kann in verschiedenen Anwendungsfeldern eingesetzt werden:

- Beim ersten Anwendungsfeld (sach- bzw. lösungsorientierter Akzent) handelt es sich um die Lösung konkreter fachlicher Probleme. Im Methodenrepertoire von Unternehmen dominieren oft anspruchsvolle Problemlösungsmodelle, die langwierige Vorbereitungen und Klärun-

1.	Fallbeschreibung	15 min	Schilderung und Visualisierung der Situation durch Fallgeber; kurze Verständnisfragen der Berater
2.	Analysen- und Hypothesen-erstellung	20 min	Berater beschreiben bzw. spiegeln eigene Eindrücke und ermöglichen dadurch neue Problemsicht bzw. eine Perspektivenerweiterung
3.	Fokussierung auf Ziel bzw. Schlüssel-thema	10 min	Fallgeber konkretisiert die wesentlichen Problempunkte oder das für das eigene Verhalten im Spannungsfeld persönliche Schlüsselthema
4.	Lösungsvorschläge	20 min	Berater erarbeiten mögliche Vorgehens- und Verhaltensweisen (ähnlich Brainstorming)
5.	Ideenbewertung	10 min	Fallgeber legt weiteres Vorgehen bzw. konkrete Maßnahmen fest
6.	Probehandeln	–	nach Bedarf können Maßnahmen detailliert ausgearbeitet oder in Rollenspielen ausprobiert werden
7.	Prozessreflexion	15 min	gemeinsame Analyse von Ablauf und Rollen; gegenseitiges Feedback zur Verbesserung der Zusammenarbeit

© Kopp/Vonesch 2002

Abb. 7: Ablauf der Kollegialen Fallberatung

gen von Einzelaspekten voraussetzen. Erfahrungsgemäß können die Vorzüge solcher Methoden in den meist knappen Zeitbudgets nicht erschlossen werden. Anstelle von inhaltlichen Diskussion stehen häufig methodische Grundsatzdebatten im Vordergrund, so dass gerade unter Zeitdruck keine überzeugenden Resultate vorgelegt werden. Die Grundzüge erfolgreicher Problembearbeitung mit der KFB-Methode basieren demgegenüber auf drei einfachen Prinzipien: Trennung von Analysephase und Lösungserarbeitung, klare und resultatorientierte Fokussierung des Problemlösungsprozesses sowie Verarbeitung vielfältiger Perspektiven und Erfahrungen bei der Ableitung von Maßnahmen. Auf Basis dieser Prinzipien konnten mit der KFB-Methode auch in komplexen Projektsituationen schnell tragfähige Lösungen erarbeitet werden.

Sach- bzw. lösungsorientierte Methodik	Personen- bzw. entwicklungsorientierte Methodik
– sachbezogene Lösungserarbeitung im Vordergrund; Beratung ist sachbezogen, fach- und lösungsorientiert	– persönliche Entwicklung im Vordergrund; Beratung ist lern- und entwicklungsorientiert
– Visualisierung mit Project-Map	– Visualisierung mit Emotion-Map (Assoziationen, Metaphern)
– Schwerpunkt der Fallschilderung bei rationalen Teilaspekten	– Schwerpunkt der Fallschilderung bei emotionalen Aspekten
– Fokus auf Berücksichtigung verschiedenster Teilaspekte in Zieldefinition; sachliche Richtigkeit im Vordergrund	– Fokus auf Ableitung eines umfassenden individuellen Schlüsselthemas; Perspektivenerweiterung im Vordergrund
– Vielfalt der Lösungen und Konkretheit der Maßnahmen im Vordergrund	– Vielfalt der Analysen und Hypothesen im Vordergrund
– Alle Phasen werden durchgearbeitet; Analyse kann kürzer ausfallen	– Ablauf nur bis Phase Fokussierung auf Schlüsselthema möglich/sinnvoll; Lösungserarbeitung und Maßnahmenplan kann entfallen
– Breit gestreute Stufe bzw. Führungsebene. Vertrautheit mit fachlichem Thema von Vorteil.	– Teilnehmer mit ähnlicher Stufe bzw. Führungsebene. Tätigkeitsfeld nicht von Bedeutung.
– Berater auch als Fachpersonen gefordert.	– Berater als Coach
– Einsatz auch in realem Team möglich. Beteiligte dürfen in Situation involviert sein.	– Einsatz in Lerngruppe oder als Coaching-Team. Beteiligte müssen unabhängig sein.

Abb. 8: Unterschiedliche Akzente der Kollegialen Fallberatung

- Beim zweiten Anwendungsfeld (personen- bzw. entwicklungsorientierter Akzent) handelt es sich um die Unterstützung der persönlichen Entwicklung einzelner Personen. So unterstützt die Methode die Erarbeitung einer differenzierten Problemsicht und weitet den Blick für eigene Handlungsspielräume und neuartige Handlungsmöglichkeiten. Die Trennung der Beratungsphasen und die notwendige Rollendisziplin fördern die konfrontationsfreie Erarbeitung von neuen Sichtweisen und ermöglichen die Erarbeitung eines individuumorientierten Schlüsselthemas der persönlichen Entwicklungsperspektive im Problemumfeld. In der Praxis können so in kurzer Zeit in einem kollegialen Setting von dem Fallgeber akzeptierte Analysen mit hoher Aktionsaufforderung und -motivation erarbeitet werden.

- Beim dritten Anwendungsfeld handelt es sich um eine Form des Wissensmanagements und Wissensaustausches in so genannten »Communities of Practice« (vgl. Wenger 1999; Wenger/Snyder 2000). Derartige Praxisgemeinschaften lassen sich als Gruppen von Menschen bezeichnen, die sich aufgrund gemeinsamer bzw. komplementärer Expertise formell oder informell zusammenschließen und ihr Erfahrungswissen als Grundlage der Wissensgenerierung zusammentragen. Dabei kann der Austausch auf innerbetrieblicher, zwischenbetrieblicher und überbetrieblicher Ebene erfolgen. Senge/Scharmer (1997) sprechen diesbezüglich von inner-, intra- und interorganisationellem Lernen. Fragt man danach, wie diese Lernprozesse methodisch unterstützt werden, erhält man i. d. R. keine befriedigenden Antworten. Die Kollegiale Fallberatung bietet hier konkrete Ansatzpunkte.

Die konkreten Einsatzmöglichkeiten sind enorm vielfältig.

Zum **Beispiel** *wurde in einem Industrie- und Technologieunternehmen die Methodik im Rahmen von mehrtägigen Projekt-Coachings erfolgreich eingesetzt und überzeugte in größeren Gruppen als einfache Methodik zur strukturierten Bearbeitung von Problemfeldern. Insbesondere eignete sich die Methode zur schnellen Herausarbeitung der Kernproblematiken in den verschachtelten Strukturen und Beziehungen der Beteiligten. Die Beteiligten mit primär technischer Herkunft schätzten die disziplinierte Bearbeitung und die schnelle vorurteilsfreie Klärung der verschiedenen Problembeeinflussungen. Besonders unterstrichen wurde die hohe Tauglichkeit der Methode für heterogene Gruppen.*

Im Rahmen eines Management-Development-Programms in einem internationalen Unterhaltungselektronikkonzern wurde die Methodik für die Befähigung und Entwicklung einer High-Potential-Gruppe erfolgreich eingesetzt. Der Fokus lag hier bei Möglichkeiten zur einfachen und anschaulichen Strukturierung komplexer Situationen. Nach Einschätzung der Teilnehmenden konnte die dargestellte Methode zunächst auf hervorragende Weise die Lücke zwischen komplizierten Problemlösungsprozessen und simplen Moderationshilfen schließen. Zudem eröffnete die Herausarbeitung von personenorientierten Schlüsselthemata in einem zweiten Schritt einen lockeren Zugang zu persönlichen Verhaltensmustern in Spannungssituationen. Ähnliche Erfahrungen konnten beim Einsatz in der Führungskräfteentwicklung in einem Logistik- und Finanzdienstleistungsunternehmen gemacht werden. Hier bezeichneten die Beteiligten die Methode als hervorragend geeignet für die Ableitung persönlicher Entwicklungsschwerpunkte in einer Change-Situation und nutzen die Methode ebenfalls im Coaching von Teams.

In einem Unternehmen der Automobilindustrie wurde die Methode als Instrument des Wissensmanagements in einem Programm der internen Beraterqualifizierung eingesetzt. Fester Bestandteil des Programms waren aktuelle Praxisbeispiele der Beteiligten, die sowohl den methodischen wie inhaltlichen Transfer zum Ziel hatten. In diesem hoch technik- und prozessorientierten Umfeld wurde die Methode von allen Beteiligten als sehr effizient und praxistauglich für die zeitsparende Besprechung von Projektsituationen und die Ableitung persönlicher Handlungsmöglichkeiten bezeichnet. Die hohe Akzeptanz und der große Nutzen in der Praxis zeigten sich daran, dass die Methode festen Eingang in die Beratertätigkeit fand und im Beraternetzwerk regelmäßig für die Klärung aktueller Situationen eingesetzt wurde, indem nach individueller Initiative spontan zu Fallberatungsmeetings in wechselnder Zusammensetzung eingeladen wurde.

1.4 Erfolgsfaktoren

Für den Erfolg des Einsatzes der Kollegialen Fallberatung sind sechs Faktoren entscheidend, die konsequent eingehalten werden sollten. Insbesondere erfahrenere Teilnehmer neigen dazu, individuell eigene Methoden und Vorgehensweisen einzubringen. Nur durch die Orientierung an einer gemeinsamen und einheitlichen Struktur kann aber in der Gruppe in kurzer Zeit ein qualitativ gutes Ergebnis erzielt werden.

Entscheidend ist zunächst die **Methodendisziplin**: Analyse und Lösungserarbeitung sollten klar getrennt sein und die Zieldefinition nicht bereits zu Beginn, sondern erst nach einer Analysephase erfolgen. Erfahrungsgemäß ermöglicht erst die Analysephase dem Fallgeber einen neuen Zugang zur Problemsituation. Berater glauben bereits nach wenigen Einleitungsworten, das Problem verstanden zu haben, und wechseln sofort zu Lösungsvorschlägen, die häufig nicht auf das konkrete Problem bezogen sind.

Ebenso entscheidend ist die **Zeitdisziplin**. Für die einzelnen Phasen soll weder zu wenig noch zu viel Zeit genutzt werden: Einzelne Phasen sollen nicht vorschnell beendet werden; Diskussionen sollen aber auch nicht ausufern. Insbesondere werden die Analyse und Zieldefinition oft abgekürzt, die Fallbeschreibung und Lösungserarbeitung aber zu lang angesetzt. Das Empfinden der Berater unterscheidet sich oft von dem des Fallgebers. Erfahrungsgemäß empfindet der Fallgeber besonders eine sorgfältige Hypothesenerstellung als Gewinn bringend.

Erst die konsequente **Rollentrennung** erlaubt einen strukturierten Ablauf: Die Teilnehmer konzentrieren sich auf den zu leistenden Beitrag und übernehmen kompetent bzw. diszipliniert ihre gewählten Rollen. Erfahrungsgemäß wird ohne Rollendisziplin eine effiziente Problembearbeitung schwierig zu realisieren sein. Rollendisziplin fördert zudem die Kompetenzentwicklung, da eine konzentrierte Auseinandersetzung mit den rollenkonformen Aufgaben (Moderation, Beratung, Prozessbeobachtung etc.) gefördert wird.

Vor allem die Art der **Visualisierung und Dokumentation** stellt einen Erfolgsfaktor dar. Die Ausgangssituation soll einfach und für die Analyse bzw. Hypothesenbildung anregend dargestellt werden. Bereits die Erstellung der Visualisierung durch den Fallgeber wird von ihm häufig als hilfreich und klärend beschrieben, wenngleich diese Forderung zu Beginn oft als unangenehm empfunden wird. Ebenso sollten der Ablauf, die erarbeiteten Hypothesen und Lösungen sowie die Bewertungen dokumentiert werden. Für eine Nachbearbeitung oder ein Folgetreffen sind diese Voraussetzungen notwendig.

Selbstverständlich ist letztlich die Haltung und Einstellung der Teilnehmer entscheidend: Sie müssen eine große **Offenheit für neue ungewohnte Sichtweisen** mitbringen und sich aus bisherigen Interpretationen lösen wollen. Dies trifft sowohl für den Fallgeber wie für die Berater zu. Der Fallgeber sollte ein echtes Interesse an einer neuen Sicht haben und darf sich durch ungewohnte Hypothesen oder Lösungen nicht vorschnell provoziert oder überfordert fühlen. Die Berater müssen sich auf die individuelle Sichtweise des Fallgebers einstellen und ihre Erfahrungen und früheren Erlebnisse auf die Unterstützung der Lösungsfindung im konkreten Problemfall ausrichten.

Vor allem für die ersten Durchführungen der Kollegialen Fallberatung ist die **Begleitung durch eine erfahrene Person** hilfreich. Neben der selbstverständlichen Einführung in die Methode muss sie der Gruppe zum Ablauf oder den einzelnen Teilnehmern zu ihren Rollen ein erstes Feedback geben und damit den wesentlichen Lernfortschritt ermöglichen.

1.	Methodendisziplin	Konsequente Trennung von Analyse und Lösungserarbeitung; klare Zieldefinition aufgrund Analysephase
2.	Zeitdisziplin	Systematischer Ablauf in definierten Phasen; Diskussionen nicht ausufern lassen
3.	Rollentrennung	Kompetente und disziplinierte Teilnehmer, die sich auf gewählte und definierte Rolle konzentrieren
4.	Visualisierung	Bildliche Darstellung der Ausgangssituation als Basis für Analyse und Hypothesenbildung; Dokumentation der Diskussion und Bewertung der Phasen
5.	Offenheit	Thematisierung von Problemen und Emotionen; Interesse für neue und ungewohnte Sichtweisen und Eindrücke; Perspektivenwechsel
6.	Erfahrene	Kompetente Einführung in die Methodik; erfahrene Begleitung in 1-3 Fallrunden; Beratung bei Konzeption

Abb. 9: Erfolgsfaktoren der Kollegialen Fallberatung

2. BESCHREIBUNG DER EINZELNEN ROLLEN

Zur Durchführung der Kollegialen Fallberatung müssen die Teilnehmer verschiedene Rollen bzw. Funktionen übernehmen. Damit ist nicht etwa gemeint, dass die Teilnehmer sich auf ein Rollenspiel vorbereiten sollen, in dem sie seltsam anmutende und unvertraute Rollen auszufüllen haben. Vielmehr geht es um die Klärung der jeweiligen Funktionen im Beratungsprozess, der damit verbundenen Aufgaben sowie der Hilfestellungen zur Bewältigung dieser Aufgaben. Jede Rolle fokussiert auf einen zentralen Beitrag für die Problemlösung und Entwicklungsberatung. In diesem Sinne lassen sich fünf Rollen voneinander unterscheiden.

2.1 Fallgeber

Der Fallgeber ist derjenige, der seinen »Fall« der Gruppe bzw. dem »Coaching-Team« präsentiert. Er bereitet sich auf die Kollegiale Fallberatung vor, indem er vor der entsprechenden Sitzung genau überlegt, wie er seinen Fall darstellt.

Der Fall soll dabei so aufbereitet werden, dass sowohl Inhalts- und Sachebene als auch die Gefühlsebene transparent werden.

Dazu empfiehlt es sich, die Verbalisierung visuell zu unterstützen. Hier erweisen sich weniger die üblichen Pfeildiagramme und Charts als vielmehr die Umsetzung der Problemsituation in eine bildliche Darstellung (Metapher bzw. Analogie) als hilfreich. Dieser Zugang ermöglicht dem Fallgeber eine anschauliche Darstellung der sozialen und emotionalen Aspekte und dem Team eine vielschichtige Interpretation mit neuartigen Gesichtspunkten.

Der Fallgeber sollte im Verlauf der Fallberatung versuchen, sich durch die Vermutungen, Hypothesen und Vorschläge des Teams anregen zu lassen, und bezogen auf die aus seiner Sicht interessantesten Analysepunkte und Problemlösungsvorschläge konkrete Maßnahmen ableiten. Er ist besonders gefordert, sich trotz der persönlichen Betroffenheit und vorgängigen Erfahrungen, im Sinne einer **Perspektivenerweiterung** auf neue und ungewohnte Sichtweisen einzustellen und die Eindrücke der Berater als hilfreiche **Spiegelungen** aufzunehmen.

Über den konkreten Fall hinaus soll der Fallgeber bei der personen- bzw. entwicklungsorientierten Akzentuierung der Kollegialen Fallberatung bestimmte typische **Situations- oder persönliche Verhaltensmuster** erkennen und diese zu einem Schlüsselthema zusammenfassen.

Der/die FallgeberIn

- will offen über seinen/ihren Fall sprechen und ist an einer Lösung interessiert.
- ist bereit, persönliche Schwierigkeiten und Gefühle zu äußern.
- betrachtet sein/ihr eigenes Verhalten selbstkritisch.
- nimmt die Vermutungen und Ideen der Berater als Anregungen auf.
- rechtfertigt sich nicht sondern stellt seine/ihre bisherige Sicht in Frage.
- betrachtet das Problem aus einer neuen Perspektive.
- leitet ein Schlüsselthema bzw. Maßnahmen für die persönliche Entwicklung ab.

Abb. 10: Merkpunkte Fallgeber

2.2 Berater

Die Berater bilden die zentrale Einheit in der Kollegialen Fallberatung. Sie sollen dem Fallgeber ihre Eindrücke und Wahrnehmungen offen und ehrlich spiegeln.

Dazu müssen sie sich zunächst auf die Falldarstellung konzentrieren, ohne diese zu unterbrechen oder zu kommentieren. Lediglich am Ende der Darstellung können Verständnisfragen gestellt werden. Sie reflektieren den Fall vor dem Hintergrund ihrer eigenen Erfahrungen und diskutieren diese untereinander. Dabei teilen sie sich ihre Wahrnehmung, ihre Eindrücke und Vermutungen mit. Wichtig ist, zunächst ein großes Analyse- und Argumentationsbzw. Erfahrungsspektrum zu eröffnen und nicht vorschnell die Aussagen zu bewerten. Die Bewertung sollte alleinig durch den Fallgeber erfolgen.

Die Berater sind insbesondere gehalten, auf vorschnelle Lösungen oder mögliche Erfolgsrezepte zu verzichten und sich in jeder Phase auf ihre Aufgabe als ideenreiche Unterstützer zu konzentrieren.

Während sie in der sach- und lösungsorientierten Akzentuierung der Kollegialen Fallberatung durchaus auch als Experten mit Fachwissen gefordert sein können, sind sie in der personen- bzw. entwicklungsorientierten Methodik primär in der Rolle eines **Coaches**. So können sie als Abschluss der Fallschilderung noch kurz einige **gezielte Erweiterungs- und Vertiefungsfragen** stellen. In der Analyse und Hypothesenbildung kann das Spektrum von der **Beschreibung von Eindrücken und Zusammenhängen bis hin zur dosierten Konfrontation** gehen. In der Lösungserarbeitung orientieren sie sich am gegebenen Fall sowie den Handlungsspielräumen und Ressourcen des Fallgebers.

Die Berater:

- Begegnen dem Fallgeber mit Respekt und ehrlichem Interesse, stellen sich auf die Sichtweise des Fallgebers ein und akzeptieren das gegebene Problem
- lösen sich von persönlichen Erfahrungen, gewohnten Sichtweisen, vorschnellen Interpretationen und gut gemeinten Ratschlägen
- äußern ihre Wahrnehmung, Eindrücke, Gefühle, Empfindungen und Vermutungen offen und ehrlich
- zeigen Zusammenhänge auf und ermöglichen so dem Fallgeber einen anderen Zugang zum Problem, zu neuen Handlungsweisen und weiteren Lösungsmöglichkeiten

Abb. 11: Merkpunkte Berater

2.3 Moderator

Der Moderator leitet das Team, führt durch die methodische Problemlösung und ermöglicht die konstruktive Zusammenarbeit. Insbesondere stellt er die Erfolgsfaktoren Methoden, Zeit- und Rollendisziplin sicher, durch die sich die Kollegiale Fallberatung von anderen Methoden abhebt und ihre Qualität erreicht.

Aufgabe des Moderators ist die Überwachung des systematischen Ablaufs der Fallberatung, die Trennung der Rollen und die Aktivierung der spezifischen Rollenleistungen.

Er hat auf die Einhaltung des für die einzelnen Sequenzen vorgesehen Zeitrahmens zu achten, die Gruppe beim jeweiligen Thema zu halten, Teilnehmer einzubeziehen und die Beachtung der Kommunikationsregeln zu sichern.

Besonders gefordert ist er bei der grundsätzlichen Trennung von Analyseebene und Lösungsphase in der Diskussion, in der Moderation der Übergänge zwischen den einzelnen Phasen sowie der sorgfältige Definition des Ziels bzw. Schlüsselthemas. Insbesondere vermeidet er ein Zerfließen der

Der Moderator:

- sichert den systematischen Ablauf der Kollegialen Fallberatung
- konzentriert sich primär auf die Erfolgsfaktoren und nicht auf die Strukturierung und Zusammenfassung der Diskussionsbeiträge
- achtet auf die Methodendisziplin: Phasen trennen und Übergänge moderieren
- achtet auf die Zeitdisziplin: Zeit einhalten und Diskussion steuern
- achter auf die Rollendisziplin: Teilnehmer während Ablauf auf Rollen aufmerksam machen
- hält die Gruppe am Thema und bezieht alle Teilnehmer mit ein
- reagiert auf Verletzung der Kommunikationsregeln und behandelt offene und verdeckte Konflikte

Abb. 12: Merkpunkte Moderator

Struktur und der Rollen der Beteiligten. Dem Moderator stehen bei jeder Phase spezifische Leitfragen für Fallgeber oder Berater zur Verfügung, mit denen er das Team zur vielschichtigen Betrachtung und Bearbeitung der Situation anregt.

Die Rolle des Moderators in der Kollegialen Fallberatung unterscheidet sich in einem wesentlichen Detail von anderen Moderationssituationen. Insbesondere unerfahrene Moderatoren konzentrieren sich häufig auf die Strukturierung und Zusammenfassung der einzelnen Diskussionsbeiträge. Dies stellt bei der sach- bzw. lösungsorientierten Variante durchaus eine Aufgabe dar. Im übertriebenen Fall kann dies aber zu vereinfachten Positionen und stichwortartigen Notizen führen. Gerade bei der personen- bzw. entwicklungsorientierten Variante ist dies aber ungünstig und unerwünscht. **Die Moderation muss hier die Originalität und Authentizität der Beiträge erhalten** und sich auf die Aktivierung der Teilnehmer durch die Leitfragen konzentrieren.

2.4 Schreiber

Der Schreiber protokolliert die Phasen der Kollegialen Fallberatung. **Seine Aufgabe ist es, möglichst viele Aussagen des Teams möglichst genau, d.h. ohne abzukürzen oder abzuändern, auf Flipcharts** (Metaplan eignet sich hier nicht so gut) zu dokumentieren. Eine wörtliche Mitschrift ist selbstverständlich weder möglich noch sinnvoll. Der Wert des Protokolls liegt v.a. für den Fallgeber in der Unterstützung der persönlichen Reflexion zur Fokussierung sowie zur Nachbearbeitung. Der Schreiber legt deshalb Wert auf möglichst aussagekräftige Formulierungen und verzichtet auf bloße Stichworte. Die Rolle des Schreibers ist i.d.R. nicht begehrt, stellt aber eine wichtige Arbeitsgrundlage dar. Der Fallgeber ist nämlich gehalten, die einzelnen Punkte und Vorschläge der Berater zu kommentieren und die aus seiner Sicht weiterführenden Aspekte zu benennen. In der Praxis hat sich oft gezeigt, dass der Moderator zu Zusammenfassungen und Verkürzungen neigt, die nur durch eine sorgfältige Dokumentation vermieden werden können. Der Schreiber soll sich deshalb eher an den Originalaussagen der Berater orientieren und sich nicht mit dem Moderator über die zutreffende Formulierung abstimmen. Erfahrungsgemäß schätzen v.a. die Fallgeber die authentischen Aussagen.

Diese Rolle des Schreibers kann auch vom Moderator übernommen werden. Da sich dieser jedoch auf die Moderation zu konzentrieren hat, ist es besser, wenn ein Schreiber die Argumente der Berater und die Zurufe des Moderators festhält.

Der Schreiber:

- notiert alle Eindrücke und Ideen möglichst ausführlich, ohne dass er strukturiert, zusammenfasst, abkürzt, verfälscht, abschwächt, verändert
- sichert durch Protokollieren die Ergebnisse der Diskussion und Bewertung in den Phasen
- entlastet den Moderator und übernimmt dadurch eine wichtige wenn auch undankbare Funktion

Abb. 13: Merkpunkte Schreiber

2.5 Prozessbeobachter

Der Prozessbeobachter leistet einen entscheidenden Beitrag, **den Prozess und die Rollen in der Kollegialen Fallberatung zu erlernen und zu verbessern**. Durch seine Beobachtung und sein Feedback kann das Team seine Erfahrungen systematisch reflektieren und seine Zusammenarbeit optimieren. Neben einer besseren Beherrschung der Methodik durch das Team ermöglicht das differenzierte Feedback zum Verhalten der Teilnehmer in ihrer zugewiesenen Rolle allen Beteiligten über die Kollegiale Fallberatung hinausgehende persönliche Entwicklungsschritte.

Der Prozessbeobachter beobachtet das Team während der Kollegialen Fallberatung und macht sich zu den einzelnen Phasen und Rollen Notizen. **Er greift in aller Regel nicht in den Ablauf ein, sondern beobachtet, wie die Teilnehmer ihre Rollen ausfüllen und welchen Einfluss sie auf das Ergebnis nehmen.** Ausnahmsweise kann er bereits während der Fallberatung den Moderator auf deutliche Fehler in der Methoden- und Rollendisziplin aufmerksam machen. Am Abschluss der Kollegialen Fallberatung gibt er zum gesamten Prozess und zu jedem Teilnehmer ein persönliches Feedback.

Die Rolle des Prozessbeobachters ist **keine zwingende Notwendigkeit**. Je nach Gruppengröße und Erfahrungsstand kann darauf verzichtet werden. Auch bei einem Verzicht auf die Rolle des Prozessbeobachters sollte auf jeden Fall **als Abschluss der Problemlösung eine gemeinsame Prozessreflexion über die Zusammenarbeit** gemacht werden. Gerade wenn das Team die Methode noch nicht gut kennt, kann es daraus wichtige Hinweise zur Optimierung der Fallberatung ableiten. Leider wird auf diese Rolle zu schnell verzichtet oder wird die Rolle als überflüssig oder langweilig betrachtet. Erfahrungsgemäß bringt aber der unabhängige Beitrag des Prozessbeobachters dem Team einen großen Nutzen. Auch dem Prozessbeobachter selbst vermittelt die Beobachtung aus Distanz erst die Bedeutung der Methoden-, Zeit- und Rollendisziplin.

Der Prozessbeobachter:

- beobachtet das Team während der Problemlösung
- macht sich Notizen über seine Beobachtungen und Eindrücke
- greift nicht in den Ablauf ein und beteiligt sich nicht an der Beratung
- konzentriert sich auf alle Teilnehmer und ihre Rollen
- gibt als Abschluss allen Teilnehmer ein persönliches Feedback
- trägt zu einer Verbesserung der Zusammenarbeit und dem gemeinsamen Lernen bei

Abb. 14: Merkpunkte Prozessbeobachter

3. RAHMENBEDINGUNGEN

Die für eine erfolgreiche Kollegiale Fallberatung notwendigen Rahmenbedingungen sind bescheiden und können mit der herkömmlichen Seminar- und Workshopsinfrastruktur abgedeckt werden. Besondere Aufmerksamkeit verlangt die Zusammenstellung der Gruppe bzw. die Analyse der gemeldeten Teilnehmer, da dies wesentlich die Ausrichtung und Tiefe der Kollegialen Beratung bestimmt.

3.1 Zusammensetzung der Teilnehmer

Die Zusammensetzung der Teilnehmergruppe und deren Motivationslage für die Fallberatung sollte von der Leitung bzw. dem Moderator sorgfältig überdacht werden. Im Idealfall kann dies beeinflusst werden; in vielen Einsatzfeldern im Seminar- und Workshopbereich ist sie häufig gegeben. Neben der Stufe bzw. Führungsebene und dem Tätigkeitsfeld ist v.a. die gegenseitige Bekanntheit und die gemeinsame Tätigkeit entscheidend.

Idealerweise stellt sich die Teilnehmergruppe aus interessierten Personen zusammen, die auf einer ähnlichen Stufe bzw. Führungsebene arbeiten und aus nicht zu unterschiedlichen Tätigkeitsfeldern bzw. Funktionsbereichen stammen. Die Teilnehmer sollten sich nicht zu nahe mit denselben

Projekten/Situationen befassen und nicht zu nahe mit den im Fall beteiligten Personen zusammenarbeiten.

Bei der sach- bzw. lösungsorientierten Ausrichtung ist ein ähnlicher Erfahrungs- und Tätigkeitshintergrund günstig und eine breiter gestreute Stufe bzw. Führungsebene kein Hindernis. Hier können die Teilnehmer auch im selben Team oder Projekt zusammenarbeiten.

Bei der personen- bzw. entwicklungsorientierten Ausrichtung sollte eine ähnliche Stufe bzw. Führungsebene gegeben sein, während das Tätigkeitsfeld weniger bedeutsam ist. Fallgeber und Berater sollten hier nicht in dieselbe Situation involviert sein.

Sind die Personen gut miteinander bekannt und arbeiten zusammen, ist eine stark personen- bzw. entwicklungsorientierte Variante nicht zu empfehlen, da die für die Beratung notwendige Distanz und Unabhängigkeit von der geschilderten Situation nicht gegeben ist. Auch sind problematische Auswirkungen außerhalb der Fallrunde nicht auszuschließen.

3.2 Gruppengröße und Rollenverteilung

Eine optimale Fallberatungsgruppe setzt sich aus **fünf bis zehn Teilnehmern** zusammen. Auf die Rollen des Schreibers und Prozessbeobachters kann unter Umständen verzichtet werden. Zusätzlich können weitere Prozessbeobachter bestimmt werden.

Die minimale Gruppengröße liegt bei fünf Personen: 1 Fallgeber, 1 Moderator, 3 Berater. Bei nur zwei Beratern verliert die Fallberatung an Dynamik und Vielfalt.

Als maximale Gruppengröße haben sich zehn Personen erwiesen: 1 Fallgeber, 1 Moderator, 1 Schreiber, 5 Berater, 2 Prozessbeobachter. Eine größere Zahl von Beratern erschwert die Moderation und Zeitdisziplin, ohne dass die eingebrachten Perspektiven an Vielfalt und Qualität gewinnen. Vielmehr können sich innerhalb der Berater einzelne Meinungskoalitionen bilden.

Damit ist die Zahl genügend flexibel, um die im Seminar- und Workshopbereich üblichen Gruppengrößen abzudecken. Parallele Fallrunden wirken sich häufig günstig auf die Dynamik und den Erfahrungsaustausch aus. Auf Grund der klaren Zeitstruktur ist die Koordination der Gruppen meist problemlos möglich.

3.3 Zeitbedarf und Turnus

Die Grundstruktur der Kollegialen Fallberatung kann differenziert eingesetzt werden.

- Die **Vermittlung der Methode** (Problemlösung, Rollen) und Vorbereitung der Fälle (Fragestellung, Visualisierung) erfordern rund 60 Minuten. Pro Fallbesprechung werden rund 90 Minuten benötigt.
- Reduziert auf die Ablaufstruktur kann sie nach weiterer Vorbereitung **als punktuelles sach- bzw. lösungsorientiertes Moderationsinstrument** z.B. im Rahmen einer Sitzung oder eines Workshops verwendet werden (Zeitbedarf rund 60-90 Minuten).
- Nach einer Vorbereitung (rund 60 Minuten) kann sie **um die Rollenverteilung erweitert und als personen- und entwicklungsorientiertes Coachinginstrument** in sich folgenden Fallrunden praktiziert werden (Zeitbedarf jeweils rund 90 Minuten).

Erfahrungsgemäß können pro Tag drei bis maximal fünf Fallrunden durchgeführt werden. Gemeinsame Prozessreflexionen, die Besprechung allgemeiner, übergeordneter Themen können den Ablauf auflockern und abrunden.

Die Methode kann **einmalig eingesetzt** werden. Optimaler ist aber ein regelmäßiges Treffen, um die Umsetzung von Lösungen und die persönliche Entwicklung zu unterstützen. Das Team sollte die Möglichkeit haben, sich über einen begrenzten Zeitraum (6-12 Monate) regelmäßig (alle 4-6 Wochen) für mindestens einen Tag (minimal 6 Stunden) zu treffen. **Ideal ist eine Folge von sechs Treffen von je einem Tag im Abstand von sechs Wochen.** Im Trainingsbereich kann die Methode als Transferinstrument in den einzelnen Seminarblöcken eingestreut werden.

3.4 Raum, Material, Dokumentation

Die Voraussetzungen an Raum und Material sind minimal und entsprechen dem Seminar- und Moderationsstandard (Raum: je Gruppe ein genügend großer Raum; Stuhlkreis für die Berater in der Mitte; vorne links Stuhl für Fallgeber und Pinnwand mit Visualisierung; vorne Mitte Pinnwand für Moderator; vorne rechts Flipchart für Schreiber; zurückversetzter Stuhl für Prozessbeobachter; Material: mind. 1 Flipchart; mind. 1 Pinnwand (2 Pinnwände sind besser, da Visualisierung, Protokoll und Ablaufdiagramm immer sichtbar sein sollten); Moderationsmaterial (Nadeln; Filzschreiber in genügender Zahl, um je Teilnehmer eine Visualisierung zu erstellen); Unterlagen: mind. Kurzdokumentation zur Kollegialen Fallberatung mit einer Übersicht von Ablaufplan und Zusammenstellung der Leitfragen/Merkpunkte je Rolle; Poster: nach Möglichkeit sollte ein Flipchart mit Ablaufplan und Zeitangaben erstellt werden und während der Fallrunde sichtbar sein).

1.	Gruppenzusammensetzung	Stufe bzw. Führungsebene, Tätigkeitsfeld, gegenseitige Bekanntheit und gemeinsame Tätigkeit durchdenken, denn sie bestimmen Einsatzmöglichkeiten
2.	Gruppengröße	5-10 Personen je Fallgruppe in verschiedenen Rollen; Rollenwechsel in jeder Fallrunde; es können mehrere Fallgruppen parallel arbeiten
3.	Zeitbedarf	90 Minuten je Fallrunde; pro Tag können bis zu fünf Fallrunden durchgeführt werden
4.	Turnus	einmalige Durchführung im Rahmen von Sitzungen, Meetings, Workshops oder regelmäßige Treffen für Fallrunden im Rahmen von Erfahrungsgruppen, Team-Coaching usw.
5.	Raum, Material, Dokumentation	Stuhlkreis, Flipchart, Pinnwände, Moderationsmaterial, Poster mit Ablaufplan und Zeitangaben

Abb. 15: Rahmenbedingungen der Kollegialen Fallberatung

4. VORBEREITUNG DER KOLLEGIALEN FALLBERATUNG

Teil der Vorbereitung zur Fallberatung ist die **Auswahl der geeigneten Fälle, die Visualisierung und der Kontrakt**. Weiter einigen sich die Teilnehmer auf eine abwechselnde Aufgaben-/Rollenverteilung. Bei der ersten Durchführung ist mit ca. 60 Minuten zu rechnen. Die Einführung der Methodik sollte trotz der hier ausführlich dargestellten Hinweise und Leitfragen nicht zu ausführlich in der Plenumssituation erfolgen. **Erfahrungsgemäß ist es vorteilhafter, nach der ersten Fallrunde eine ausführlichere Prozessreflexion einzufügen und mit den Merkpunkten für die einzelnen Phasen und Rollen zu verbinden.**

1.	Raum	–	Stuhlkreis, Flipchart, Pinnwand, Moderationsmaterial, Unterlagen Kollegiale Fallberatung
2.	Einführung in die Kollegiale Fallberatung	30 min	Information über Ablauf und Rollen; Darstellung der wichtigsten Leitfragen, Merkpunkte, Praxistipps
3.	Erstellung der Visualisierung	20 min	Individuelle Reflexion über aktuelle Situation; Wahl Darstellungsform
4.	Auswahl und Reihenfolge der Fällen	5 min	Kurze Charakterisierung der Situationen; Auswahl
5.	Verteilung der Rollen	5 min	Verteilung nach persönlichen Präferenzen; Wechsel nach jeder Fallrunde
6.	Hinweis auf Kontrakt und Prozessreflexion	–	Leitung/Moderator weist Teilnehmer auf den eingegangenen Kontrakt hin und fordert auf, den Prozess zu beobachten

© Kopp/Vonesch 2002

Abb. 16: Vorbereitung der Kollegialen Fallberatung

4.1 Auswahl der Fälle

Jeder Teilnehmer bereitet für die Kollegiale Fallberatung eine Situation vor, in der er vom Team unterstützt werden möchte. In Ausnahmefällen, z.B. wenn aus Zeitgründen nur einzelne Fälle besprochen werden können, ist es sinnvoll, die Auswahl der Fälle vorgängig zu treffen und ausgewählte Teilnehmer vorgängig zu kontaktieren.

Für die Kollegiale Fallberatung sind **grundsätzlich alle aktuellen Situationen aus Projekten, der Führung und Zusammenarbeit geeignet**.

Insbesondere **bei der sach- bzw. lösungsorientierten Variante können auch stark fach- und sachbezogene Situationen** aufgearbeitet werden.

Bei der **personen- bzw. entwicklungsorientierten Variante stehen persönliche Problem-, Spannungs- oder Konfliktsituationen im Vordergrund:** Der Fallgeber sollte immer den Wunsch nach einer Klärung der eigenen Rolle bzw. der Verbesserung des eigenen Handels in der Situation hegen. Vorausgesetzt wird das echte Interesse an einer Beratung und die Bereitschaft, eine Lösung herbeizuführen und durch eigene Aktivität dazu einen persönlichen Beitrag zu leisten. Deshalb sollte der Fallgeber die Situation wirklich durch **eigene Handlungs- und Wahlmöglichkeiten** beeinflussen können.

Aktuelle Situationen eignen sich erfahrungsgemäß besser als zurückliegende oder zukünftige Situationen. Das Interesse der Berater liegt bei zurückliegenden Situationen meist zu stark beim tatsächlichen Verlauf. Bei zukünftigen Situationen ist das tatsächliche Spannungsfeld und das Verhalten der anderen beteiligten Personen noch offen.

Die **Problemstellung sollte überschaubar sein**, d.h. die Akteure, ihre Ziele und Beziehungen sowie der Zeitrahmen sollten klar zu erkennen sein. Zu einfache bzw. zu offensichtliche Fälle können ohne Methodik besprochen werden. Zu komplexe Situationen überfordern oft den Zeitrahmen und die Aufnahmefähigkeit der Berater.

Ungeeignet sind stark eskalierte Situationen, die sich durch ein personifiziertes Erklärungsmuster oder ein Täter-Opfer Schema auszeichnen, wie sie häufig für Mobbing-Situationen kennzeichnend sind.

Außer bei der sach- bzw. lösungsorientierten Methodik sollten **keinesfalls andere anwesende Personen involviert** sein. Die Fallgeber können zusätzlich angehalten werden, die Situation leicht zu verfremden und auf Namen und Bezeichnungen zu verzichten.

- aktuelle Problem-, Spannungs- oder Konfliktsituation in Projekt, Führung, Zusammenarbeit
- zurückliegende und zukünftige Situationen nur in Ausnahmefällen
- Situation vom Fallgeber beeinflussbar
- ehrlicher Beratungswunsch des Fallgebers vorhanden
- echte Lösungsbereitschaft des Fallgebers vorhanden
- keine anderen in Fallrunde anwesenden Personen involviert
- keine zu einfache oder zu komplexe Problemstellung
- keine personifizierte Problemstellung

Abb. 17: Merkpunkte für die Auswahl der Fälle

4.2 Visualisierung

Die Verpflichtung zur grafischen, bildlichen Darstellung erleichtert dem Fallgeber die Vorbereitung und Schilderung der Situation. Den Beratern bietet sie einen einfacheren Einstieg in die Situation und Anregung für Assoziationen. Dem Team stellt sie eine gemeinsame, dauerhaft präsente und einprägsame Basis für die Fallrunde und Folgetreffen dar. **Der Verzicht auf die Visualisierung führt erfahrungsgemäß zu unangepasst kurzen oder langen Fallschilderungen mit vorschnellen Interpretationen oder ausführlichen Erklärungen mit ungünstiger Wirkung.**

In vergleichbaren Beratungsmethoden wird teilweise bewusst auf Darstellungen und Protokolle verzichtet, da befürchtet wird, dass diese zu unangemessenen Interpretationen, psychologisierenden Deutungen oder dauerhaften Festschreibungen führen. In der langjährigen Anwendung konnten wir ausschließlich positive Erfahrungen machen.

- auf Flipchart (Querformat) in Farbe
- schematische oder bildhafte (Analogie, Metapher) Darstellung der Situation
- macht die aktuelle Spannungssituation, das Kräftefeld und das subjektive Empfinden des Fallgebers deutlich
- verzichtet auf Details, Bezeichnungen, Namen usw.
- zeigt Rolle und Einflussmöglichkeiten des Fallgebers
- enthält alle wichtigen Akteure und die Beziehungen untereinander

Abb. 18: Merkpunkte für die Visualisierung

Grundsätzlich sind viele Darstellungsformen geeignet. Wir stellen hier zwei Methoden vor, die sich für die Varianten besonders gut bewährt haben.

Das Project Map eignet sich v.a. für die sach- bzw. lösungsorientierte Variante, da es auf systematische und schematische Art unterschiedliche Aspekte der Situation darstellt. Die Ganzheitlichkeit und Komplexität eines Problemfeldes kann so einfach geschildert und nachvollzogen werden. Funktion, Rolle und Einflussmöglichkeit des Fallgebers stehen nicht zwingend im Vordergrund, sollen aber in allen vier Aspekten beleuchtet werden. Dargestellt werden folgende vier Quadranten:

- Umfeld, Beteiligte, Einflüsse (Markt, Technologie, sozial, politisch usw.)
- Aufbau, Organigramm, Struktur (Hierarchie, Kompetenzen usw.)
- Beziehungen, Team, Schlüsselpersonen, Energie (Konflikte, Soziogramm usw.)
- Prozess, Phase, Dynamik, Entwicklung (Vergangenheit, Zukunft usw.)

Das Emotion-Map hat sich v.a. für die personen- bzw. entwicklungsorientierte Variante bewährt, da es bildhaft die persönliche Interpretation und Befindlichkeit des Fallgebers aufzeigt. Mit einer Analogie bzw. Metapher zeigt der Fallgeber in einem abgeschlossenen Bild die subjektive Sicht der eigenen Rolle in der Situation und die persönliche Gefühlswelt auf. Diese Darstellung erleichtert dem Fallgeber, Gefühle und Konflikte zu verbalisieren, und unterstützt die Berater, die Sichtweise nachzuvollziehen.

Beispiele: *Ein Projektleiter sieht sich als mit seinem Team durch die Wüste ziehende Karawane, die vom Sponsor mit unklarer Himmelsrichtungsangabe aus der Oase weggeschickt wurde.*

Ein interner Berater vergleicht seine aktuelle Situation mit der Sagengestalt Sisyphus und dessen sinnloser Aufgabe, einen Stein einen Berge hoch zu rollen.

Eine jüngere Führungskraft führt seit wenigen Wochen ein größeres Team und beschreibt sich als Schäfer, der die Herde zusammenhalten muss und dabei öfters in die Rolle eines Hirtenhundes wechseln muss.

Weitere bewährte Darstellungen sind das **System-Map**, das **Stakeholder-Map** und das bekannte **Mind-Map**, die alle auf grafische, schematische Art unterschiedliche Aspekte der Information herausarbeiten.

1.	Project-Map	Systematische Darstellung von Kontext, Struktur, Beziehung und Prozess der Situation in Form von Schemata in vier Quadranten
2.	Emotion-Map	Bildhafte Darstellung von persönlichen Interpretation und Befindlichkeit in Form einer Analogie bzw. Metapher
3.	System-Map	Schematische Darstellung von Elementen, Einflüssen, Vernetzung in einem Wirkungskreis
4.	Stakeholder-Map	Schematische Darstellung von internen und externen Anspruchsgruppen (Beteiligte und Betroffene)
5.	Mind-Map	Grafisch unterstützte Strukturierung der Informationen zur Situation

Abb. 19: Visualisierungen in der Kollegialen Fallberatung

4.3 Kontrakt

Eine vertrauensvolle Zusammenarbeit kann nur stattfinden, wenn alle Teilnehmer darauf zählen können, dass sowohl die Falldarstellung wie die resultierenden Einsichten die Gruppe nicht verlassen (Schweigepflicht). Die Teilnahme an der Kollegialen Fallberatung und die Einbringung der persönlichen Situation können selbstverständlich nur auf freiwilliger Basis geschehen. Im Rahmen von Seminaren beteiligen sich erfahrungsgemäß alle Teilnehmer als Moderatoren oder Berater an den Fallrunden. Mit dem Kontrakt wird bei der Erklärung der Methode i.d.R. in mündlicher Form kurz die Basis für die Zusammenarbeit vereinbart. Der Kontrakt soll die notwendigen Grundhaltungen und Spielregeln zusammenfassen.

- Respekt vor den anderen Teilnehmern
- Akzeptanz der Sichtweisen
- Verschwiegenheit gegen außen
- Offenheit in der Gruppe
- Echtheit in allen Äußerungen
- Ehrlichkeit in allen Bewertungen
- Vertrauen in die anderen Teilnehmer
- Verantwortung für die Zusammenarbeit
- evtl. Rahmenbedingungen der Treffen (Rhythmus, Ort, Rollenteilung)

Abb. 20: Merkpunkte für den Kontrakt

5. ABLAUF

Der zeitliche Rahmen einer Kollegialen Fallberatung beträgt ca. 90 Minuten. Zu Beginn sind insbesondere für eine ausführlichere Prozessreflexion und Nachbearbeitung 30 Minuten zusätzlich einzuplanen. Bei einer erfahrenen Gruppe und abhängig von der Problemstellung kann sich eine Fallrunde auf 75 Minuten verkürzen. Bei der erstmaligen Durchführung sind rund 60 Minuten für Einführung und Vorbereitung notwendig. Der Ablauf der Kollegialen Fallberatung teilt sich in sieben verschieden lange Einzelschritte.

5.1 Fallbeschreibung

Ziel der Fallbeschreibung ist die Einführung in die Situation und die Darstellung der Ausgangslage (Führungs- bzw. Projektsituation) anhand einer Visualisierung. **Der Fallgeber formuliert das Problem- oder Spannungsfeld, zu dem er beraten werden möchte, um die Situation zu verändern bzw. weiterzuentwickeln.** Diese erste Phase ist für den Erfolg der Kollegialen Fallberatung prägend. Der Fallgeber vermittelt in dieser Phase nicht nur die faktische Basis für die Beratung, sondern zeigt mit der Schilderung und der Visualisierung seine Interpretation der Situation auf. Durch die Äußerung seiner Gedanken, Gefühle, Schwierigkeiten, Erwartungen, Ziele und Hoffnungen in der Situation vermittelt er die Hintergründe für eine umfassende Beratung.

Bei einer **sach- bzw. lösungsorientierten Zielsetzung** ist die Schilderung stärker geprägt durch sachliche und detaillierte Beschreibungen von sichtbaren Aspekten der Situation. Personen, Abteilungen, Projekte usw. können benannt werden. Da nicht primär die Rolle des Fallgebers in der Situation im Vordergrund steht, kann dieser die Situation strukturierter und systematischer schildern. Beziehungen und Emotionen stellen auch bei der Project-Map-Visualisierung ein notwendiges Thema dar. Der Fallgeber thematisiert sie aber nicht als Hauptinhalt, sondern als Begleitphänomene. Die Zielsetzung zeichnet sich in der Fallschilderung meist deutlich ab, kann vom Fallgeber klar bezeichnet werden und ist i.d.R. von allen Teilnehmern akzeptiert.

Wird gleichzeitig oder ausschließlich eine **personen- bzw. entwicklungsorientierte Zielsetzung** verfolgt, muss sich die Fallschilderung deutlich auszeichnen durch eine subjektiv geprägte Schilderung der Hintergründe und nicht sichtbaren Aspekte des Falls. Dem **Eisberg-Modell** folgend, schildert der Fallgeber zunächst kurz die Ausgangslage und öffnet anschließend, falls er dies verbalisieren kann, tiefer liegende Aspekte der Emotionen, Handlungsmuster, Werte usw. Besonders bewährt hat sich hier die Emotion-Map-Visualisierung. Beim Fallgeber unterstützt sie eine bildhafte und assoziative Schilderung. Bei den Beratern fördert sie ein Loslassen von der faktischen Situation und ein Sich-Einlassen und Sich-Einstellen auf die subjektive Sichtweise des Fallgebers.

Der Fallgeber kann spontan und assoziativ reden. Keinesfalls soll er sich bewusst kontrollieren. Er muss nicht bereits zusammenfassen, analysieren oder klare Ziele benennen. In dieser ersten Phase soll der Fallgeber nicht unterbrochen werden. Er soll seinerseits nicht auf allfällige verbale oder nonverbale Signale der Berater eingehen, indem er z.B. Schilderungen wiederholt, Details erklärt oder sogar Rechtfertigungen einbringt. Es kann sogar hilfreich sein, wenn der Fallgeber nicht direkt zu den Beratern spricht, sondern sich stark auf die Visualisierung konzentriert und ähnlich dem lauten Denken die Gedanken beim Entstehen der Visualisierung äußert.

- Wie erlebe ich die Situation?
- Was ist meine Rolle in der Situation?
- Was sind meine Ziele und Wünsche?
- Was sind meine Gedanken und Gefühle?
- Wie hat sich die Situation entwickelt oder verändert?
- Wie bin ich mit den Ereignissen oder Problemen umgegangen?
- Was haben meine Maßnahmen ausgelöst?
- In welchen Punkten möchte ich beraten werden?

© Kopp/Vonesch 2002

Abb. 21: Leitfragen für Fallgeber in der Fallschilderung

Die Berater **schweigen** während der Fallschilderung. Sie unterbrechen den Fallgeber nicht und **verzichten auch auf verbales oder nonverbales Feedback**. Sie lassen die Schilderung und Visualisierung auf sich wirken und konzentrieren sich darauf, ihre Eindrücke und Gefühle zu registrieren. Sie versuchen die geschilderte Situation in ihrer Ganzheitlichkeit, Komplexität, Vernetztheit und Dynamik zu erfassen.

Auch Moderator und Schreiber sind bis hierhin passiv und schweigend. Keinesfalls sollte der Moderator versuchen, die Schilderung zu strukturieren oder zusammenzufassen. **Ebenfalls ist es weder notwendig noch sinnvoll, die erste Fallschilderung durch den Schreiber festzuhalten.**

Wenn der Fallgeber die erste Schilderung abgeschlossen hat, erhalten die Berater kurz Gelegenheit, gezielte Nach- und Verständnisfragen zu stellen.

Der Moderator stellt dabei sicher, dass keine ausführliche Diskussion zwischen Fallgeber und Berater entsteht, oder dass bereits Lösungsmöglichkeiten geäußert werden.

Die erste Schilderung erfordert vom Fallgeber insbesondere bei der personen- bzw. entwicklungsorientierten Methodik eine große **Offenheit**. Er präsentiert sehr persönliche Gedanken und Gefühle, was von unerfahreneren Teilnehmern als Verletzlichkeit und Schwäche gesehen werden kann. **Von den Beratern verlangt das Zuhören ein ehrliches Interesse an der Problematik und eine Einstellung von Respekt vor der anderen Person.** Sie sind insbesondere gefordert, sich auf die Sichtweise des Fallgebers einzu-

- primär offene Fragen ("W-Fragen") stellen
- sich nicht auf filigrane Details, Namen, Einzelfakten beziehen
- versuchen, die zentralen Problemzusammenhänge zu erfassen
- auf interpretative und suggestive Fragen verzichten (z. B. ob persönliche Eindrücke richtig oder falsch sind)
- Ratschläge und Meinungen, bewertende Kommentare, Erklärungen oder vorschnelle Lösungen vermieden

Abb. 22: Merkpunkte für Berater in der Fallschilderung

lassen, die möglicherweise nicht mit den eigenen Vorstellungen übereinstimmt. Sie dürfen sich beim Zuhören nicht bereits mit möglichen Lösungen beschäftigen und sollten ihre Gefühle kontrollieren und missbilligende Äußerungen unterlassen.

Diese Phase der Fallschilderung sollte rund 15 Minuten dauern; nicht deutlich kürzer oder länger sein. Bei wesentlich kürzeren Fallschilderungen liegt oft nur eine oberflächliche und sachliche Schilderung vor, die wesentliche und persönlichere Aspekte auslässt. Auch neigen die Berater dann zu einer vorschnellen und von individuellen Erfahrungen geprägten Interpretation, ohne sich wirklich auf die Schilderung durch den Fallgeber einzulassen. Bei längeren Fallschilderungen entstehen oft Diskussionen und die Trennung der Phasen unterbleibt. Dabei sollte die erste ununterbrochene Schilderung ca. 10 Minuten dauern und Nachfragen nur ca. 5 Minuten ausmachen. Dies wird sowohl von Fallgeber und Berater oft als lang, fordernd und anspannend empfunden. Fallgeber können zu einer oberflächlichen Schilderung neigen; Berater haben oft das Gefühl, bereits nach kurzer Zeit die Situation verstanden zu haben.

Der Moderator schließt die Phase ab, indem er dem Fallgeber dankt und die wesentlichen Ziele und Rollen der folgenden Analyse- und Hypothesenerstellung zusammenfasst.

5.2 Analysen- und Hypothesenerstellung

Ziel der Analysen- und Hypothesenerstellung ist die Ermöglichung der Perspektivenerweiterung des Fallgebers durch »seine« Berater. **Die problematische Situation wird vor dem Hintergrund verschiedener Erfahrungskontexte und unterschiedlichem Know-how ergründet.**

Die Phase kann mit einem **»Blitzlicht« zur subjektiven Befindlichkeit der Berater** eröffnet werden: Die Berater schildern in einer kurzen Runde, was die Schilderung bei ihnen ausgelöst hat und wie sie sich fühlen. Die Berater verzichten grundsätzlich auf weitere Rückfragen und machen zunächst nur Aussagen über ihre subjektive Befindlichkeit (Ich-Aussagen). Erst in einer zweiten Phase gehen sie zu Aussagen über den Fallgeber über. Sie spiegeln dem Fallgeber ihre eigene Wahrnehmungen und Gefühle zurück. Sie richten ihre Vermutungen jedoch nicht direkt an den Fallgeber, sondern diskutieren den Fall »beraterintern«. Dabei sprechen sie auch über das Verhalten des Fallgebers und dessen möglichen Beitrag als Mitverursacher des Problems. Allerdings vermeiden sie negative Wertungen, Vorwürfe oder inquisitorische Urteile. Im Vordergrund steht die einfühlsame Erkundung möglicher Verursachungszusammenhänge.

Bei der sach- und lösungsorientierten Methodik können die Berater ihren **fachlichen Hintergrund** einbringen und zu einer möglichst breiten Sicht der Situation beitragen.

In der personen- und entwicklungsorientierten Methodik sind Assoziationen durchaus erwünscht. Ebenfalls sind – abhängig vom Vertrauensverhältnis – dosierte Konfrontationen möglich. Psychologisierende, interpretierende oder therapeutische Interventionen sind zu unterbinden. Die Berater ermöglichen dem Fallgeber einen Perspektivenwechsel oder zumindest eine Perspektivenerweiterung, in dem sie nicht ausgesprochene oder erkannte Aspekte der Situation ansprechen (Wie würde es mir als Fallgeber gehen? Wie würde ich die Situation als andere beteiligte Person beschreiben?).

Die Berater können sich dabei auf verschiedene Ebenen beziehen:

- Individuelle Ebene des Beraters: Welche Eindrücke, Gefühle und Erinnerungen löst die Schilderung aus? Welche Bilder, Assoziationen und Metaphern löst dies bei mir aus?
- Personale Ebene des Fallgebers: Welche Rollen-, Erwartungs- und Werthaltungen zeigen sich im geschilderten Fall? Welche Betrachtungsweisen und Handlungsmuster typisieren die Situation?
- Interpersonale bzw. Beziehungsebene: Welche Konstellationen zwischen den beteiligten Personen zeigen sich im Fall? Welche Motive stehen möglicherweise dahinter? Welche »Spiele« laufen ab?
- Strukturelle bzw. organisationale Ebene im Fall: Welche Strukturen prägen die Situation? Durch welche Regelungen, Kompetenzen, Machtverteilungen ist die Situation gekennzeichnet?

- Kontextebene im Fall: Wie würden nicht direkt Beteiligte die Situation wahrnehmen?

Die Berater verzichten grundsätzlich auf Ratschläge, wie sich der Fallgeber hätte verhalten sollen oder können. Lösungen gehören in die spätere Phase.

Der Fallgeber schweigt und hört zu. Erfahrungsgemäß neigt der Fallgeber zu nonverbalem oder verbalem Feedback, das die Berater beeinflusst oder zu weiteren Rückfragen animiert. Auch suchen Berater häufig nonverbales oder verbales Feedback des Fallgebers zu ihren Hypothesen. Deshalb hat sich durchaus bewährt, auch wenn dies zunächst als störend anmuten kann, den direkten Sichtkontakt zwischen Fallgeber und Berater zu unterbrechen, indem der Fallgeber sich abwendet oder sich hinter eine Pinnwand setzt.

- Wie wirkt die Situation/das Bild auf mich?
- Was löst die Situation in mir aus? (Gedanken, Ideen, Bilder)
- Was zeigt sich im geschilderten Fall?
- Was fällt mir zur Rolle des Fallgebers in der Situation ein?
- Welche Eindrücke und Vermutungen habe ich?
- Welche Abhängigkeiten, Einflüsse, Muster werden für mich sichtbar?

Abb. 23: Leitfragen für Berater in der Analysen-/Hypothesenerstellung

- den ersten Eindruck, eigen Wahrnehmungen und Gefühle zurückspiegeln
- Vermutungen äußern, Hypothesen aufstellen und Zusammenhänge aufzeigen
- dem Fallgeber ermöglichen, seinen Fall aus einer anderen Sichtweise bzw. tieferen Perspektive zu sehen
- das Verhalten des Fallgebers bzw. dessen persönlichen Anteil als „Mitverursacher" bewusst in den Vordergrund stellen
- keine Vorwürfe machen, nicht besserwisserisch oder inquisitorisch sein

Abb. 24: Merkpunkte für Berater in der Analysen-/Hypothesenerstellung

5.3 Fokussierung auf Ziel bzw. Schlüsselthema

Ziel der Fokussierung auf ein Ziel bzw. ein Schlüsselthema ist es, den zentralen Ansatzpunkt für die weiteren Schritte herauszuarbeiten. Der Fallgeber kommt erst hier wieder zu Wort, wenn die Berater die Analyse- oder Hypothesenerstellung abgeschlossen haben.

Er nimmt die Äußerungen zunächst als hilfreiche und unterstützende Quelle für eine eigene gedankliche Abwägung:

- Was lösen die Hinweise der Berater bei mir aus?
- Was erkenne ich dadurch anderes/neu?
- Welche Zusammenhänge werden sichtbar?
- Wie habe ich selber die Situation geprägt?
- Was hilft mir, was weniger?

Der Fallgeber nimmt zu einzelnen Hypothesen Stellung und kann sogar auf dem Flipchart eine knappe Bewertung anbringen. Im Ausnahmefall kann er, angeregt durch die Berater, die Situationsschilderung weiterführen. Keinesfalls soll er Denk- und Handlungsmuster rechtfertigen oder sich verteidigen. Allein der Fallgeber kann über die Nützlichkeit der Rückmeldungen entscheiden.

Er fasst dann die neuen Erkenntnisse zusammen und formuliert den Ansatzpunkt für das weitere Vorgehen:

- In der sach- bzw. lösungsorientierten Methodik ist dies ein konkretes, sachliches Ziel oder ein Sollzustand: Was muss bis wann erreicht werden? Aus welchen Teilaspekten leiten sich welche Teilziele ab?
- In der personen- bzw. entwicklungsorientierten Methodik ist dies meist der anspruchsvollste und für alle Teilnehmer forderndste Teil. Hier steht ein individuelles Thema, das als Schlüssel für die persönliche Entwicklung bearbeitet werden muss.

Die Formulierung des Schlüsselthemas stellt an den Fallgeber hohe Anforderungen. Er muss sich mit Kernfragen des persönlichen Verhaltens bzw. mit Mustern des Vorgehens auseinandersetzen. Das Schlüsselthema darf aber nicht in Form eines Problems überhöht werden, sondern soll positiv und handlungsorientiert formuliert werden.

Bewährt hat sich dabei, mit der folgenden Formulierung vorzugehen: »Wie kann ich erreichen, dass …?«

Beispiele *können sein:*

- *»Wie kann ich erreichen, dass ich im Projekt Klarheit über Rahmenbedingungen herstellen und damit verbundene Grenzen aufzeigen kann?«*
- *»Wie kann ich erreichen, dass ich als Führungskraft Anforderungen verbindlich vereinbaren und Feedback konsequent geben kann?«*
- *»Wie kann ich erreichen, Delegationsmöglichkeiten konsequent zu nutzen und mich abzugrenzen?«*

Die Berater unterstützen den Fallgeber bei der Formulierung. Erfahrungsgemäß gehen die Erwartungen der Fallgeber und Berater in diesem Punkt oft auseinander. Die Berater suchen oft eine wesentlich weitergehende, präzisere und persönlichere Formulierung.

Damit es hier nicht zu einer ausufernden Diskussion zwischen Fallgeber und Berater kommt, ist v.a. der Moderator gefordert, die Schwerpunkte zu konkretisieren und problematisieren. Er kann nochmals das persönliche Verhalten bzw. den mitverursachten Anteil in den Vordergrund stellen. Sicherlich sorgt er aber dafür, dass alle das Schlüsselthema akzeptieren und verstehen.

- fokussiert auf die persönliche Kernfrage des Fallgeber.
- formuliert eine Perspektive, die für den Fallgeber erreichbar ist.
- ist positiv und in „Ichform" formuliert.
- stellt das Verhalten/die Handlungsmöglichkeiten des Fallgebers in den Vordergrund.
- ist stärken-, ressourcen-, leistungs- und handlungsorientiert formuliert

Abb. 25: Merkpunkte zur Zieldefinition bzw. zum Schlüsselthema: »Wie kann ich erreichen, dass ...«

5.4 Erarbeiten von Lösungsvorschlägen

Ziel der Lösungserarbeitung ist es, möglichst viele und unterschiedliche Vorgehensideen und -möglichkeiten aufzuzeigen.

Die Berater sammeln dazu Lösungsvorschläge und formulieren motivierende Lösungsansätze. Dabei ist wichtig:

- Die Lösungen werden nicht bewertet.
- Die Lösungen werden nicht diskutiert, sondern nur weiterentwickelt.
- Im Vordergrund sollen nicht Empfehlungen, sondern mögliche denkbare Handlungsschritte stehen.
- Der Fallgeber schweigt dazu und hört zu.

In der sach- und lösungsorientierten Methodik ist dies oft ein Hauptteil der Fallrunde, die den Teilnehmern den Hauptnutzen bringt. In der personen- und entwicklungsorientierten Methodik kommt es immer wieder vor, dass der Fallgeber auf diese Phase verzichten möchte, da er seine Wünsche und Erwartungen bereits mit der Analyse und Zieldefinition gedeckt sieht. In diesem Fall kann die Fallrunde hier mit einem kurzen »Blitzlicht« der Berater abgeschlossen werden.

5.5 Ideenbewertung

Ziel der Ideenbewertung ist es, die möglichen Lösungsansätze auszuwählen und einzelne Maßnahmen, die weiterverfolgt oder umgesetzt werden sollen, zu priorisieren und konkretisieren.

Der Fallgeber nimmt dazu kurz Stellung zu den Lösungsvorschlägen, ohne sie ausführlich zu bewerten: Was ist neu? Was wurde bereits probiert? Er priorisiert und konkretisiert einzelne Möglichkeiten und bittet die Berater um Erfahrungen und Tipps: Was steht für mich im Vordergrund? Wie genau könnte bzw. möchte ich das umsetzen?

Bei der sach- und lösungsorientierten Methodik kann dies bis zu einem detaillierten Aktionsplan ausgearbeitet werden (Aktion, Verantwortung, Termin, Ressourcen). Bei der personen- bzw. entwicklungsorientierten Methodik bezeichnet der Fallgeber die gehörte Vielfalt als hilfreich, möchte sich aber mit Entscheidungen noch nicht verpflichten. Im Sinne einer höheren Verbindlichkeit kann der Moderator auch hier die Bezeichnung von zwei Ansatzpunkten für die Weiterarbeit fordern.

Die Berater überlassen die Ideenbewertung dem Fallgeber und schalten sich in die Priorisierung nicht ein. Sie stehen aber auf Wunsch für weitere Fragen des Fallgebers bereit: Wer hat damit Erfahrungen? Worauf kommt es dabei besonders an?

- kommentiert und bewertet Lösungsvorschläge kurz: Was ist neu? Was wurde bereits probiert?
- wählt 1-2 Möglichkeiten und Maßnahmen aus und konkretisiert mögliches Vorgehen
- bittet Berater um Erfahrungen und Tipps
- entwickelt zwei konkrete Maßnahmen und verpflichtet sich, diesen Aktionsplan umzusetzen

© Kopp/Vonesch 2002

Abb. 26: Merkpunkte für die Ideenbewertung

5.6 Probehandeln

Ziel des Probehandelns ist es, ausgewählte Vorgehensweisen detailliert auszuarbeiten und unter Umständen in Rollenspielen konkret einzuüben. So kann ein Handlungsplan für die Bearbeitung der Situation erstellt werden oder es können einzelne zu führende Gespräche kurz vorbereitet und einzelne Sequenzen sofort ausprobiert werden.

Für die Vorbereitung, Durchführung und Auswertung sind allerdings mindestens 45 Minuten vorzusehen. Auf die bisherige Rollentrennung kann nun verzichtet werden. Je nach Wunsch kann der Fallgeber seine tatsächliche Rolle einnehmen und sein späteres Vorgehen einüben. Im Sinne eines gewünschten Perspektivenwechsels kann er aber auch die Rolle eines Gegenübers oder Gegenspielers einnehmen. Oder er kann selber als Beobachter das Gespräch verfolgen.

Dieser konkrete Handlungsteil ist aber nur in Ausnahmefällen in die Fallberatung integriert. Da er den Zeitrahmen beträchtlich verlängert, werden die Prioritäten i.d.R. bei weiteren Fallrunden gesetzt. Auch sieht sich der Fallgeber meist noch nicht bereit für die konkrete Umsetzung der Lösung, wünscht eine gewisse Verarbeitungszeit und sieht ein Rollenspiel mit einem anderen Teammitglied als wenig realitätsnahe und hilfreich. Auch sehen sich die Berater häufig nicht genügend motiviert, sich noch näher mit der Situation auseinander zu setzen. In vielen Fällen kann hier wenigstens eine kurzer Erfahrungsaustausch angehängt werden.

Gerade im Seminar- und Trainingsbereich hat sich bewährt, dass die Leitung zur Unterstützung des Transfers die Thematik zu einem späteren Zeitpunkt unabhängig vom spezifischen Fall aufnimmt, in einer Reflexion die Teilnehmer eigene Erfahrungen analysieren, Merkpunkte erarbeiten und in Beispielen anwenden. Dabei sollte v.a. auf das Vorgehen bei der Auswertung und beim gegenseitigen Feedback zum Probehandeln geachtet werden.

Handelnder erklärt sein Ziel, sein geplantes und tatsächliches Vorgehen:

- Was wollte ich erreichen und ausprobieren?
- Wie bin ich vorgegangen bzw. was hat sich während des Gesprächs ergeben?
- Handelnder reflektiert Stärken und Verbesserungsmöglichkeiten (mindestens jeweils zwei Aspekte):
- Was ist mir gut gelungen bzw. was werde ich wieder genauso machen?
- Was ist mir nicht gelungen bzw. was werde ich im nächsten Gespräch anders machen?
- andere Akteure im Rollenspiel kommentieren Gespräch und geben Feedback
- Beobachter geben ausgewogenes positives und negatives Feedback

Abb. 27: Ablauf des Feedback beim Probehandeln

5.7 Prozessreflexion

Ziele der Prozessreflexion sind Analyse der Zusammenarbeit in der Kollegialen Fallberatung und die Verbesserung des Prozesses. Durch gegenseitiges Feedback nutzt das Team die Erfahrungen mit dem Ablaufplan und den Rollendefinitionen für gemeinsames und individuelles Lernen.

Auf die Prozessreflexion sollte keinesfalls verzichtet werden. Sie kann auch dann problemlos durchgeführt werden, wenn z.B. auf Grund der Gruppengröße kein Prozessbeobachter bestimmt wurde. Die Teilnehmer werden zu Beginn durch die Leitung oder den Moderator darauf hingewiesen, unabhängig vom Prozessbeobachter selber den definierten Ablauf, die individuellen Rollen und den gemeinsamen Prozess zu beobachten. Der Prozess kann natürlich im Sinne einer Metabetrachtung bereits während des Ablaufs thematisiert werden. Erfahrungsgemäß geschieht dies durch den Moderator oder die Berater in der Phase der Analyse-/Hypothesenerstellung oder der Fokussierung auf Ziel/Schlüsselthema.

- Wie stellt der Fallgeber die Situation dar? (Visualisierung, Schilderung)
- Wie steuert der Moderator den Ablauf? (Zeit, Methode, Rollen)
- Wie unterstützen die Berater den Fallgeber? (Fragen, Hypothesen, provokative Sichtweisen, Lösungen)
- Wer dominiert in der Gruppe? Wer hält sich zurück? (Beteiligung)
- Wie wird das Ziel bzw. Schlüsselthema definiert? (Diskussion zwischen Fallgeber und Berater)
- Wie geht die Gruppe mit „Durchhängern", Problemen, Konflikten und schwierigen Themen um?
- Wer verletzt Spielregeln? Wie reagiert die Gruppe darauf?
- Werden die Prinzipien von „Wahrheit", „Vertrauen" und „Verantwortung" in der Gruppe gelebt?

Abb. 28: Leitfragen für Prozessbeobachtung

Nach Abschluss der Ideenbewertung schildert der Prozessbeobachter oder Moderator kurz den Ablauf der Prozessreflexion. Er weist die Teilnehmer auf die Leitfragen für die Prozessbeobachtung hin und bittet die Teilnehmer, jeweils individuell die Bewertungsdimensionen zu überlegen: das Ergebnis, unsere Zusammenarbeit, mein Beitrag (1 Punkt: ungenügend; 10 Punkte: sehr gut).

1.	Das Ergebnis	Wie zufrieden bin ich mit dem erreichten Ergebnis? (Analyse und Lösungen)
2.	Unsere Zusammenarbeit	Wie zufrieden bin ich mit unserer Zusammenarbeit? (Prozess und Rollen)
3.	Mein Beitrag	Wie zufrieden bin ich mit meinem Beitrag zum Ergebnis? (Prozess und Inhalt)

Abb. 29: Bewertungsdimensionen der Prozessreflexion

Anschließend tragen zuerst die Berater und dann der Fallgeber ihre Bewertung auf einem vorbereiteten Flipchart ein. Ihre Markierung versehen sie dabei mit ihrem Namen. Das Team lässt die Visualisierung kurz auf sich wirken. Jeder Berater kommentiert seine Bewertung und beurteilt insbesondere seinen Beitrag als Berater. Der Fallgeber schildert die eigene Zufriedenheit mit dem Ergebnis und der Unterstützung durch die Berater. Der

Prozessbeobachter gibt dem Team und den einzelnen Teilnehmern ein persönliches Feedback. Das Team lernt daraus und vereinbart konkrete Verbesserungsmaßnahmen.

- Wie hat das Team den Ablauf eingehalten?
- Wie haben die Teilnehmer ihre Rollen bzw. Aufgaben ausgefüllt?
- Wie wurde das Schlüsselthema erarbeitet und weiter verfolgt?
- Wie haben sie den Fallgeber unterstützt?
- Wie könnte die Zusammenarbeit verbessert werden?

Abb. 30: Merkpunkte für Feedback des Prozessbeobachters

1.	Individuelle Bewertung je Teilnehmer	Teilnehmer bereiten Bewertungsdimensionen, Selbstbeurteilung und Feedback vor; tragen Bewertung ein
2.	Reflexion Berater	Berater beurteilen Ergebnis, Zusammenarbeit und eigenen Beitrag
3.	Reflexion Fallgeber	Fallgeber beschreibt Eindruck nach Fallrunde, bewertet Ergebnis und Zusammenarbeit
4.	Feedback Prozessbeobachter	Prozessbeobachter gibt Feedback gemäß Leitfragen und Merkpunkten
5.	Verbesserungsmaßnahmen	freie Diskussion zu Eindrücken und Verbesserungsmaßnahmen für weitere Fallrunden

Abb. 31: Ablauf der Prozessreflexion

Erfahrungsgemäß wird der eigene Beitrag relativ einheitlich zurückhaltend und die gemeinsame Zusammenarbeit einheitlich positiv bewertet. Das Ergebnis wird von den Fallgebern häufig positiver bewertet als durch die Berater. Der Fallgeber empfindet bereits die Schilderung des Falles als positiv, betrachtet die Analyse als anregend und nimmt aus der Fallrunde letztlich viele Gedanken für die persönliche Nachbearbeitung. Die Berater stellen demgegenüber häufig höhere und unrealistische Ansprüche an die Lösung, die nicht in der Fallrunde erreicht werden kann, sondern durch den Fallgeber in der Praxis erarbeitet werden muss.

Bei der erstmaligen Durchführung einer Fallrunde sind für die Prozessreflexion zwischen 30 und 45 Minuten einzuplanen. In weiteren Durchführungen verkürzt sich diese Zeit auf 15 Minuten, da Ablauf und Rollenerwartungen präsenter sind. Teams entwickeln etwa nach der dritten Fallrunde den Wunsch, den geschilderten systematischen Ablauf aufzugeben. Der Leiter oder Moderator kann hier den Schwerpunkt zu einem gegenseitigen, konkreten, auf die definierten Rollen bezogenen Feedback verschieben.

5.8 Folgetreffen

Ziel der Folgetreffen ist es, die bisherigen Situationen wieder aufzunehmen, die Problemfelder zu aktualisieren und die Lösungserarbeitungen zu vertiefen. Im Sinne eines kontinuierlichen Lern- und Entwicklungsprozesses werden deshalb Folgetreffen organisiert, in denen die Kollegiale Fallberatung als Methode vertieft und weitere Fallrunden durchgeführt werden. **Erfahrungsgemäß entspricht ein solcher Follow-up einem großen Bedürfnis der Teilnehmer**, obwohl nur etwa zwei Drittel wünschen, ihre Situation persönlich vorzustellen. Mit den bisherigen und neu hinzukommenden verbleiben aber reichlich Situationen für weitere Fallrunden.

Die Teilnehmer ziehen es i.d.R. vor, *neue Situationen zu bearbeiten*, und erachten die in den vergangenen Fallrunden besprochene Situationen als erledigt. **Die Erfahrung zeigt aber, dass gerade aus den wieder aufgenommenen Situationen die wichtigsten Lernerfahrungen für die Praxis gezogen werden können.**

Die erneute Besprechung einer Situation kann grundsätzlich nach dem bekannten Ablauf erfolgen. Häufig kann die Systematik und Zeitdauer etwas gelockert werden, weil eine gleichermaßen intensive Analyse-/Hypothesenerstellung nicht angemessen ist. Die Teilnehmer sind immer an einer Nachorientierung über die Wirkung und den Erfolg der besprochenen Lösungsmöglichkeiten interessiert.

Oft kann sich aufgrund des relativ kurzen Zeitraumes zwischen den Folgetreffen oder aufgrund der anhaltenden Spannungssituation in der Realität keine wesentliche Veränderung zeigen. Trotzdem schildert der Fallgeber häufig eine wesentlich positivere und entspanntere Einschätzung der Situation, die sich aus einer Neubewertung und Klärung ergibt. **Nicht selten stellt der Fallgeber in der Situation oder generell Ansätze für veränderte Denk- und Handlungsmuster fest und formuliert damit im Kern ein Schlüsselthema für die persönliche Entwicklung, aus der sich in einigen Fällen eine weitere Fallrunde ergeben kann.**

- Was war meine Situation? (Visualisierung/Protokolle zeigen/aktualisieren)
- Was habt ihr mir damals analysiert, gesagt, geraten?
- Was war mein Schlüsselthema? Was war mein Entwicklungsziel?
- Was waren meine Maßnahmen? Was habe ich tatsächlich umgesetzt?
- Was ist passiert bzw. wie hat sich die Situation verändert? Was davon führe ich direkt auf meine Maßnahmen zurück?
- Was ist in mir nach der Fallrunde oder bei der Umsetzung vorgegangen (Gedanken, Gefühle)?
- Wie sehe ich die geschilderte Situation heute? (Rückblick)
- Was war gut, was weniger gut? (Erfahrungen, Lernen)
- Welche Fragen habe ich heute an euch? Wo möchte ich beraten werden?

Abb. 32: Leitfragen für den Rückblick durch den Fallgeber

1.	Einführung und Vorbereitung	15 min	»Warm-up« durch den Leiter; kuze Vorbereitung der Teilnehmer mit Leitfragen für Rückblick; nach Bedarf Visualisierungen neu erstellen oder aktualisieren
2.	Rückblick	30 min	Runde der Teilnehmer mit kurzem Rückblick zu besprochenen Fällen; Auswahl der Fälle und Planung des weiteren Ablaufs
3.	Fallrunde 1	90 min	gemäß Methode Kollegiale Fallberatung oder angemessenes Vorgehen
4.	Fallrunde 2	90 min	dito
5.	Diskussion, Reflexion, Input	30 min	zur Auflockerung Meta-Betrachtung der Methode; Meta-Diskussion oder -Inputs zu aktuellen Situationen
6.	Fallrunde 3	90 min	gemäß Methode Kollegiale Fallberatung oder angemessenes Vorgehen
7.	Abschluss + Ausblick	30 min	Planung der weiteren Treffen

Abb. 33: Ablauf des Folgetreffens

Je nach gewähltem Einsatzfeld kann das Folgetreffen im Umfang eines Ganz- oder Halbtages ausschließlich mit Fallrunden konzipiert werden, oder die Fallrunden werden als Transfereinheiten punktuell in ein Seminardesign eingestreut. Der Zeitplan muss auf die ausgewählten Fälle und den Energiepegel in der Gruppe angepasst werden. Erfahrungsgemäß muss die Leitung auf einer gewissen Methoden- und Zeitdisziplin bestehen, um die Diskussion zu strukturieren und der Gruppe über die Anlaufschwierigkeiten hinwegzuhelfen.

6. FAZIT

Die Kollegiale Fallberatung in der hier vorgestellten Form ist **eine Methode zur Erhöhung der problemorientierten Selbstreflexionsfähigkeit betrieblicher Akteure in verschiedensten Organisationstypen**. Im Kern wird im Rahmen von Meetings **eine Selbstberatung durch die teilnehmenden KollegInnen initiiert und organisiert, die sowohl auf punktuelle Lösungen fachlicher Herausforderungen und persönlicher Konfliktlagen als auch auf das begleitende Coaching von Problemlösungsprozessen ausgerichtet** werden kann. Das Besondere an der Kollegialen Fallberatung ist dass sie die Leerstelle zwischen elaborierten (dafür aber wenig pragmatischen) Problemlösungstechniken und einfach nur moderierter Diskussion in brillanter Form ausfüllt. Die einzunehmende Rollen haben Funktionen, die das Management nicht, wie bei zahlreichen anderen »Organisationsspielchen«, als befremdlich empfindet, sondern die weitgehend akzeptiert und bekannt sind. Neu ist allenfalls die Kombination der Rollen bzw. das konkrete Setting der Aufgabenverteilung über die verschiedenen Phasen hinweg. Lernfortschritte aller Beteiligten (auf allgemeiner Ebene z.B. Erweiterung der Fähigkeiten in den Bereichen Moderation, Beobachtungsfähigkeit, Analysekraft, Empathie, Prozessbewertung, Teamfähigkeit sowie hinsichtlich der konkreten Erweiterung des Fachwissens als auch auf der Ebene der Optimierung der Effizienz des Einsatzes der Kollegialen Fallberatung bzw. ihrer potenziellen Lösungsqualität) stellen sich erfahrungsgemäß bereits bei der ersten Durchführung der Kollegialen Fallberatung ein, zumal direkt an einem realen Problem gearbeitet wird. Ist die prinzipielle Funktionslogik der Methode verstanden und eine gewisse Sicherheit im Umgang damit gewonnen worden, sind innovativen Variationen des Settings bzw. dem Einsatz in unterschiedlichsten Kontexten kaum Grenzen gesetzt: Die Möglichkeiten reichen je nach thematischen Fokus von abteilungs- bzw. teambezogenen Verwendungen sowie diesen Kontext überschreitenden Learning

Communities wie interorganisationale Netzwerke, Arbeitskreise etc. Die Kollegiale Fallberatung selbst findet immer in kleiner Runde statt. Die konkrete Zusammensetzung bzw. der Vertrautheitsgrad innerhalb dieser Runde bestimmen den maximalen Sensibilitäts- und Komplexitätsgrad des vorgetragenen Falls. Die Bekanntheit der Methode selbst bestimmt die Qualität des zu erwartenden Ergebnisses. Berücksichtigt man dies, lässt sich die Kollegiale Fallberatung durchaus auch auf Tagungen, Klausurveranstaltungen von Führungskräften etc. (Durchführung paralleler KFBs). Weitere interessante Perspektiven bildet der Einsatz im Bereich von Schulungs- und Ausbildungsbereich.

Anmerkungen

1 Eine verdichtete Version dieser Ausführungen ist im III. Teil als ›Crashkurs‹ zusammengestellt. Bei Interesse unterstützen wir Sie gerne durch individuelle Trainings- und Beratungsleistungen. Auskunft über tusk@sfs-dortmund.de

2 Im III. Teil finden sich Rollenbeschreibungen und Regieanweisungen, die sich bei der Durchführung von Kollegialen Fallberatungen bewährt haben. Sie können als Kopien an die jeweiligen Rollenträger verteilt werden und enthalten die wichtigsten Orientierungspunkte in jeder Phase des Beratungsprozesses.

Literatur

FALLNER, H./GRÄSSLIN, H.-M. (1990) Kollegiale Beratung. Eine Systematik zur Reflexion des beruflichen Alltags

HAUG-BENIEN, R./GRIEPENBURG, C. (1998) Kollegiale Beratung. Fallbezogene Kommunikation zwischen MitarbeiterInnen in der Benachteiligtenförderung. In: Durchblick, Zeitschrift für Ausbildung, Weiterbildung und berufliche Integration, 27-29

SCHLEE, J./MUTZECK, W. (1996) Supervision für Lehrerinnen und Lehrer. In: Dies. (Hg.) Kollegiale Supervision. Modelle zur Selbsthilfe für LehrerInnen und Lehrer. Heidelberg, 9-22

SENGE, P./SCHARMER, C.O. (1997) Infrastrukturen des Lernens: Von »Learning Organizations« to »Learning Communities«. In: Pierer, H. v./ Oetinger, B. v. (Hg) Wie kommt das Neue in die Welt? München u.a., 99-110

WENGER, E. (1999) Communities of Practice. Learning, meaning and identity. Cambridge

WENGER, E./SNYDER, W.M. (2000) Communities of Practice: Warum sie eine wachsende Rolle spielen. In: Harvard Business Manager 4, 55–62

Thorsten Veith

Kollegiale Beratung und Supervision in der Professionalisierung von Beratern

Die Frage nachhaltiger Lernprozesse und der Entwicklung von Lernkultur oder: The Medium is the Message[1]

Annäherung

Lebenslanges Lernen in Abstimmung mit unterschiedlichen Rollen, unterschiedlichen Lernstilen und nicht zuletzt mit der eigenen Persönlichkeit und deren Entwicklung rückt mehr und mehr in den Vordergrund und soll in eine (neue) Lernkultur in Organisationen, aber auch und gerade in der Weiterbildung eingebettet sein. Die Lernkultur, die hier als Rahmen kollegialer Lernformen beleuchtet wird, erfährt in den letzten Jahren zu Recht einen Bedeutungszuwachs. Der Begriff der Lernkultur als pädagogische Kategorie muss noch entwickelt werden und wird dennoch mit einem hohen – vielleicht überhöhtem – Anspruch versehen. Es interessieren Bedingungen und die Kultur des Lernens sowie das Zusammenspiel und die Stimmigkeit von »Wer lernt was auf welche Art und Weise«.

Vor diesem Hintergrund werden Formen kollegialer Fallberatung und Supervision näher betrachtet und am Beispiel ihrer Konzeption und ihres Einsatzes in der beruflichen Bildungspraxis am *Institut für systemische Beratung* zur Qualifizierung von Professionellen in den Bereichen Organisations- und Personalentwicklung, systemische Beratung und Coaching beschrieben. Der Einsatz kollegialer Formen der (Fall-)Beratung und Supervision im Weiterbildungsbereich erscheint in vielerlei Hinsicht sinnvoll. Darauf wird in den verschiedenen Beiträgen dieses Bandes eingegangen. Kollegiale Formen des Beratens sind Formen des Von- und Miteinander- und des gemeinsamen Lernens – denn darum geht es u.a. im Sinne einer neuen Lernkultur – und diese sind in hohem Maße erwachsenengerecht. Sie stellen ein Beispiel dafür dar, wie Erwachsene sinnvoll und effektiv selbst gesteuert und selbst organisiert lernen können, und erfüllen die Notwendigkeiten an ein Lernsetting, welches Erwachsenen ermöglicht, in Selbststeuerung und mit hohem Praxisbezug und großen Lerntransfermöglichkeiten einen beachtlichen Lernerfolg zu erzielen und dabei die Seite der Persönlichkeitsentwicklung ebenso zu berücksichtigen. Die Erfahrungen am *Institut für systemische Beratung* weisen in diese Richtung.

Leitfrage der folgenden Darstellung ist zum einen, welchen Beitrag kollegiale Beratungsformen zur Entwicklung einer nachhaltigen Lernkultur (nicht nur) in der Erwachsenen- und Weiterbildung leisten können, zum anderen, wie den besonderen Ansprüchen der Beraterprofessionalisierung durch Kompetenzentwicklung in kollegialen Beratungs- und Lernformen Rechnung getragen wird.

Lernkultur in der Weiterbildung

Erlebte und gelebte Kultur ist immer Ausdruck einer Gruppe von Individuen. Gemeint ist dabei eine Alltagskultur, in deren kollektivem Sinnzusammenhang Lebensstile, Verhaltensweisen und Leitvorstellungen einer Gesellschaft entstehen. Symbolisierungsformen als kulturelle Muster gemeinsamer Werte und Überzeugungen wirken auf die Gesellschaftsmitglieder sowohl über Traditionen als auch durch die alltäglichen Formen des Umgangs ein (Arnold/Schüßler 1998, 3). Sie finden sich in Prozessen von Kommunikation und Interaktion zwischen den Mitgliedern wieder und werden darin immer wieder neu inszeniert. Es entsteht durch diese Rahmungen Orientierung für ihr (Lehr-Lern-)Handeln. Über eine gemeinsame Kultur konstituiert sich die Zugehörigkeit der Mitglieder zu einer Gruppe. Sie werden einerseits von der Kultur geprägt, prägen und gestalten aber andererseits durch ihr Handeln und Verhalten, durch eigene Werte und Haltungen im Sinne der Gemeinschaft die Kultur als soziale Realität durch ihre persönliche Begegnung und den Kontakt untereinander, v.a. durch die Art und Weise des Umgangs, ebenfalls mit. **Kultur und Kulturarbeit ist ein wechselseitiger Prozess des Aufeinanderwirkens von Gruppe und ihrer Mitglieder, deren für die Kultur beispielhaftes Handeln und die Wirksamkeit nach innen und außen.** Es entsteht so »Kulturdialog« (Schmid 2002, 61).

Lernatmosphäre, die persönliche wie fachliche Wertschätzung und Würdigung, Vertrautheit, Offenheit und Engagement sowie die Fähigkeit der Einrichtung selbst, sich gemäß einer lernenden Organisation mit Lern- und Innovationspotenzial weiterzuentwickeln, sind Elemente einer Lernkultur. Immer bedeutender wird dabei auch die Einbindung und Nutzung technischer Lösungen und Infrastrukturen mit elektronischen Medien zur Etablierung von Netzwerken auf individueller oder organisationaler Ebene. **Die Initiation und v.a. das Pflegen von »Communities«, einer »Professional Community« sowie »Community of Practice« stehen im Zentrum der Entwicklung einer Lernkultur und damit auch einer Professionskultur.**

Lernkultur ist immer auch Teil eines größeren, ganzheitlichen Kulturverständnisses der Organisation. Es existieren (Leit-)Bilder einer Arbeitskultur, Verantwortungskultur, Verbindlichkeitskultur, Diskretions- und Vertrauenskultur, Kommunikationskultur oder Führungskultur[2]. Die Lernenden spüren die Handlungsmuster in und im Umfeld der Organisation. Diese Wahrnehmung koppelt sich in ihrem Verhalten wieder an die Lernkultur und deren Gestaltung und Entwicklung, denn der Begriff Kultur (»cultura«) steht für Pflege, an der die Lernenden in hohem Maße, wenn auch unbewusst, beteiligt sind. Dies zeigt die Betonung der Mitsteuerung und -gestaltung, Mitverantwortung und Einbindung der Teilnehmer, wodurch es darüber hinaus zur Herausbildung eines Gruppenbewusstseins kommt.

Gelebte (Lern-)Kultur wird durch die aktive Auseinandersetzung mit Inhalt und Lerngruppe erlebbar und spürbar. Lernkultur ist immer auch von Atmosphärischem, von Verhältnis und sozialemotionalem Klima sowie Lernklima in der Gruppe getragen, da es sich im Bereich organisierter Erwachsenenbildung sehr oft um soziale Lernkontexte handelt. Gegenseitiges Vertrauen und Solidarität unter den Teilnehmern sind Merkmale einer Lerngemeinschaft und schaffen eine Vertrauenskultur. Die Verantwortung ist auf alle verteilt. **Die Entwicklung einer vertrauensvollen Atmosphäre spielt gerade bei den Überlegungen zu kollegialen Supervisions- und Beratungsformen in der Erwachsenen- und Weiterbildung als Umgebungsbedingung eine wichtige Rolle und betont den emotionalen Aspekt von Lernprozessen.**

Wir gehen nicht davon aus, dass eine Synchronizität der Lernprozesse und des Lernens stattfindet. Es handelt sich um höchst individuelle Prozesse. Lernkultur weist immer eine äußere und innere Gestalt auf, welche die Fähigkeit zu selbstgesteuertem Lernen und die Entwicklung von (Selbst-) Lernkompetenzen und -fähigkeiten fördert. Einer äußeren Seite der Gestaltung von Arrangements steht eine innere Seite der Subjektbildung und Persönlichkeitsentwicklung gegenüber, die mit der äußeren Gestalt verknüpft ist. Anders formuliert könnte man sagen, dass die innere Seite sich nur durch die äußere entwickeln kann, die individuellen Innenprozesse müssen durch die Außenprozesse gefördert werden.

Wie lässt sich aus diesen Überlegungen heraus eine Lernkultur umschreiben?

Lernkultur kann verstanden werden als ein sinnvolles, stimmiges und von Atmosphäre und Lernklima getragenes, sich entwickelndes Ensemble von Grundverständnissen des Lernarrangements und der Lernumgebung (z.B. supervisionsorientiertes Lernen), theoretischem Referenzrahmen (z.B. systemisch(-konstruktivistische) Perspektive), darin eingebundenen und darauf basierenden Arbeits- und Lernmethoden, didaktischen Elementen und handlungs- und kontextorientierten Inhalten (z.B. kollegiale Supervision und Beratung, fragmentarisches Lernen), eingenommenen Haltungen und Wert-/Sinnorientierungen im Zusammenwirken mit dem Menschenbild (z.B. humanistisches Menschenbild, persönliche Bezogenheit, Vertrauen und Offenheit, Förderung der Identitätsentwicklung) sowie ressourcenorientierter und schöpferischer Beteiligung und Einbindung der Menschen in deren persönlicher (und professioneller) Begegnung und Entwicklung. Lernkultur weist somit eine äußere und innere Gestalt auf.

Was kann bezüglich einer Neugestaltung von Lernkultur aus pädagogischer Perspektive eingebracht und zu einem Plädoyer für kollegiale Beratung als exemplarische Lernform in der Erwachsenenbildung und insbesondere in der Qualifizierung von Beratern werden?

Der Begriff der Lernkultur ist insofern mit einer in die Zukunft gerichteten Perspektive versehen, als er einen neuen Blick auf Lernumgebungen und das Lehr-Lern-Geschehen richtet. Es kehrt in das heutige Bildungssystem und dessen Bildungskonzeptionen mehr und mehr die Überzeugung ein, dass nicht nur die Frage nach dem »Was«, d.h. nach der inhaltlichen Dimension von Unterricht, sondern auch die Frage nach dem »Wie«, d.h. das methodische Setting des Lernprozesses im Hinblick auf die Ausbildung bestimmter Kompetenzen und die Nachhaltigkeit von Lernprozessen sowie die Rolle der Lernenden entscheidend ist. Die Diskussion um die so genannte »Krise der Fachbildung« (Arnold/Schüßler 1998, 70) formuliert den Engpass und im Anschluss daran das Postulat der Entwicklung weg von einer rein auf Inhaltlichkeit und die Verfügbarkeit von Fachkompetenzen ausgerichteten Lern- und Bildungskonzeption, hin zu einem erweiterten Verständnis von Kompetenzentwicklung als Kern einer Antwort auf sich verändernde Qualifizierungs-, Orientierungs- und Reflexionsanforderungen der Gesellschaft. Es entsteht ein erweitertes Qualifizierungsverständnis (vgl. Arnold/Schüßler 1998, 159). Diesem Verständnis kann man über eine rein inhaltliche Fokussierung von Lernen und Unterricht nicht gerecht werden.

Kollegiale Beratung als Lernform im Rahmenkonzept einer veränderten Lernkultur

Kollegiale Beratung = Kollegiales Lernen

Diese zunächst einfache Formel führt Lernkultur und kollegiale Beratung zusammen, wobei die Grundlinien des systemisch-konstruktivistischen Hintergrunds eine wesentliche Orientierung darstellen. Die Formel bildet gewissermaßen den »Brückenschlag« zwischen dem Konzept der Lernkultur und der Methode und Lernform der kollegialen Beratung, welche als Element einer neuen Lernkultur die Ermöglichung vielschichtiger, nachhaltiger Lernprozesse einerseits und die fortwährende Weiterentwicklung von Lernkultur andererseits leisten kann.

Der »Brückenschlag« umfasst einen wesentlichen Aspekt, der neben dem des Lernens bedeutsam scheint. Für die intensive Begegnung in und durch die kollegiale Beratung bedarf es einer bestimmten kollegialen Lernkultur und gleichsam, das ist das bedeutende, entsteht erst in der Form die Kultur und entwickelt sich dort weiter. Kollegiale Beratung und Supervision ist Form und Ort zugleich. Inhalte und Perspektiven sind die Variablen – Ort und Form die Konstanten, die allerdings feld- und aufgabenspezifisch differenziert gestaltet werden: *the medium is the message*, diese Formulierung bildet das Verständnis und die Erfahrungen des Instituts ab. Die (Weiter-) Entwicklung einer Lernkultur mit kollegialen Beratungsformen als tragende Säule ist in hohem Maße ressourcenorientiert, erwachsenengerecht, dient der Weiterentwicklung anderer Kulturperspektiven wie Kommunikationskultur, Führungskultur und nicht zuletzt Verantwortungskultur.

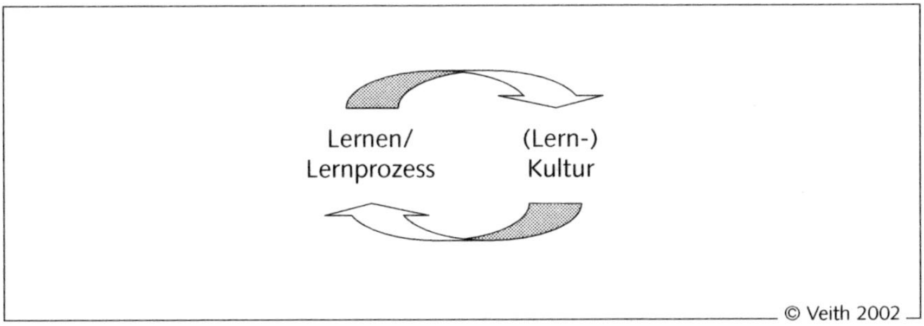

Abb. 34: Lernen und (Lern-)Kultur

Schmid (2002, 61) geht davon aus, »dass Kultur nur durch Kultur entsteht, eher durch das »Wie« als durch das »Was« der Maßnahmen.« Neue Kultur und Kulturwandel entsteht immer aus (vor-)gelebter Kultur und daraus, dass Maßnahmen einen Beispielcharakter haben.

In der Auseinandersetzung mit den Konzepten der kollegialen Beratung und Supervision ergeben sich aus meiner Sicht dabei folgende zentrale Punkte, die Lernen und Kompetenzentwicklung, v.a. der für Beratung wesentlichen systemischen Beziehungs- und Steuerungskompetenz, in kollegialen Beratungssettings ermöglichen und beschreiben: **Dialog und dialogische Reflexion sowie der multiperspektivische Ansatz.**

In Anknüpfung an **Kooperative Beratung** können die von Mutzeck (1992, 144) formulierten Ziele einer solchen Beratungskonzeption gerade vor dem Hintergrund einer neuen (systemisch-konstruktivistischen) Lernkultur gelten.

Der Falleinbringer exploriert seine eigene Wirklichkeitskonstruktion des Falles, auch mit Hilfe von Strukturierungs- und Klärungshilfen aus der Gruppe und er lernt darüber hinaus andere Wirklichkeitskonstruktionen des gleichen Problems (Rekonstruktion) und mögliche Lösungsvarianten und -optionen (Dekonstruktion) kennen, die noch dazu auf andere Fälle und Konstellationen übertragbar sein und eine »Multiplikatorenwirkung« entfalten können (Rotering-Steinberg 2001, 439). Lernen findet hier, auch nebenbei, durch Beobachtung und am Modell und Vorbild (»Apprenticeship learning« im »Meister-Lehrling-Verhältnis«, vgl. Holzkamp 1996, 26) statt. Die Gruppenmitglieder erarbeiten diese Sichtweisen aus ihrer eigenen Perspektive, oder sie verdeutlichen die möglicherweise vorherrschende Sicht und die eingenommenen Perspektiven der an dem Fall beteiligten Personen[3]. **Es wird deutlich, dass es sich bezogen auf Wirklichkeitskonstruktionen um eine multiperspektivische und den Wechsel von Rollen und Perspektiven ermöglichende, kooperative Lernform handelt.** Auf den Rollen- und Perspektivenwechsel baut die Arbeit in der kollegialen (Fall-)Beratung auf. Aus meiner Sicht und eigener Erfahrung sowie aus den Erfahrungen am *Institut für systemische Beratung* ermöglicht er einen wesentlichen Lerneffekt und -zuwachs.

Die Perspektivenübernahme kann dabei als Prozessgeschehen verstanden werden, welches durch Vielzahl und Vielfalt der Personen und sich ergebender Situationen als ein fortwährendes Lernen bezeichnet werden kann. Dabei wird einerseits deutlich, dass es sich um eine Lernform mit (sozialer) Handlungsorientierung handelt, was auch darin zum Ausdruck kommt, dass es bei der Perspektivenübernahme nicht um eine Fremdwahrnehmung geht, sondern um die Wahrnehmung der Handlungsorientierung des anderen, somit um die Orientierung an und die Konzentration auf seine Ziel-Mittel-Orientierung. Andererseits befinden sich die Fähigkeiten zur Perspektivenübernahme sowie soziales Handeln selbst in einem Weiterentwicklungsprozess, welcher nicht nur für Berater wesentlich ist.

Dialogischer Austausch zur Reflexion beruflicher Praxis oder privaten Handelns wird deshalb immer wichtiger, weil die Arbeitsorganisation und zum Teil auch die zunehmende Individualisierung dies nicht mehr als festen Bestandteil vorsieht. So kommt der Rückkehr zum Dialog in der Bildung und in Organisationen im Sinne der beschriebenen Lernkultur mehr und mehr Bedeutung zu. **Aus systemischer Sicht kann es sich auch bei der Reflexion und Hypothesenbildung der Berater um einen Metadialog handeln.**

Bei der Verknüpfung mit Lernkultur soll sowohl die sozial-kognitive Lerntheorie sowie systemisch-konstruktivistische Ansätze und deren Erkenntnistheorie berücksichtigt werden. **Der theoretische Bezug einer konstruktivistischen Supervision kann als Prinzip und Grundvorstellung auch auf kollegiale Beratung und Supervision angewendet werden.** Es entstehen Reflexionsstrukturen, um über den Prozess zu reflektieren, wie Wirklichkeit, die zum Gegenstand und Thema der Beratung wird, auf ihre je spezifische Weise konstruiert worden ist. Ziele kollegialer Beratung und Supervision sind die Erweiterung der Selbstwahrnehmung zum Verständnis und zur Rekonstruktion eigenen Verhaltens und blinder Flecken, die Erweiterung der Wahrnehmungen für Beziehungen und deren besserer Gestaltung und Klärung (systemische Beziehungskompetenz) sowie die Sensibilisierung für ein Thema oder einen Gegenstand, um das Verständnis für Verhalten, Abläufe und Systeme zu erhöhen.

Diese Ziele lassen sich an das Bild von **Deutungslernen** anlehnen. Wesentlich, auch für die Qualifizierung von Beratern, ist das erweiterte Wahrnehmen von Deutungen von und für Beziehungen und die Erweiterung des Verständnisses und der eigenen Möglichkeiten in Bezug auf verschiedene Felder. **Neben partizipativem und kooperativem Lernen zeigt sich, dass die Form der kollegialen Beratung ein vielschichtiges Lernen ermöglicht.** Gemeinsames Lernen findet somit auf verschiedenen Ebenen statt. Das Drei-Ebenen-Kompetenz-Modell beinhaltet Fachkompetenz, Sozialkompetenz und Methodenkompetenz, wobei Kommunikations- und Lernkompetenz Bestandteile darin sind. Diese Kompetenzen können in der kollegialen Beratung und Supervision erweitert werden.

Es soll in der nachfolgenden Matrix versucht werden, eine Verknüpfung der didaktischen Prinzipien der Lernkultur und der Ebenen der Kompetenzentwicklung in der Lernform der kollegialen Beratung zu verdeutlichen. Die Frage soll darauf gerichtet sein, inwiefern und in welcher Art und Weise sich an beispielhaften Handlungen verdeutlichen lässt, wie sich eine Erweiterung der Kompetenzen in der kollegialen Beratung und Supervision realisieren kann. Gefragt werden könnte auch, wie diese Dimensionen der Lernkultur durch bestimmtes Handeln in der Lernform der kollegialen Beratung zur Kompetenzerweiterung beitragen können.

Didaktische Prinzipien von Lernkultur	Dimensionen der Handlungskompetenz: Fachkompetenz z.B.	Sozialkompetenz z.B.	Methodenkompetenz z.B.
Subjekt- und Persönlichkeitsorientierung	Sprachliche Formulierung (Verbalisierung) von Schwächen und Problemen, variable Fokusbildung, Einbringen eigener Fälle und Beispiele	Dialogische Arbeitsweise, Feedback nehmen zu eigenem Verhalten und Handeln sowie geben auf Grund intuitiver Wahrnehmung	Rollenfokus und -treue, Feedback geben und nehmen in Bezug auf den Umgang mit Methode(n) und die Konstruktion von Wirklichkeit
Erfahrungs-, Problemlöseorientierung	Erfahrungsaustausch sowie Wissens- und Lerntransfer mit anderen Lernenden, Generieren von Lösungsoptionen, variable und spezifische Fokusbildung	Prozess der Erfahrungsaustauschs gestalten, Geben und Nehmen können, variable und spezifische Fokusbildung	Am Beispiel und Fall Lernen lernen, exemplarisches, fragmentarisches Lernen, Kultur hierzu entwickeln, Erfahrungen mit Methoden und Austausch darüber
Perspektivenwechsel, Selbst- und Prozessreflexion, Meta-Ebene	Einnehmen, Darstellen und Verändern von Sichtweisen bezogen auf Sachfragen durch die der anderen, Hypothetisieren	Teilnehmen am Gruppenprozess durch Reflexion und Feedback, andere Lösungsoptionen artikulieren	Reflektieren der Beratung, der Methode(n), Feedback geben und nehmen, Rolleneinnahme in einer (Lern-)Gruppe
Kooperatives und partizipatives Lernen	Gemeinsames Erarbeiten von Lösungsvarianten, Orientierung an Erfahrenen und »Experten«	Gruppenprozess und Lernarrangement der Kooperation und Partizipation gestalten, Beteiligung und Einbindung in den Lernprozess des Systems (Lerngruppe)	Gegenseitige Unterstützung in der/den Methode(n) und Reflexion der Selbststeuerung, Arrangement aktiv gestalten, Methoden und Orientierungen einbringen und erproben

© Veith 2002

Abb. 35: Übersicht zur kollegialen Beratung und Kompetenzentwicklung

Supervisionsorientiertes Lernen als Leitelement der Lernkultur

Didaktisches Leitelement der Lernkultur des *Instituts für systemische Beratung* ist der Gedanke supervisionsorientierten Lernens. Supervision und kollegiale Beratung gehören zu den Kerntechniken am Institut, in denen die Teilnehmenden neben den fachlichen Schwerpunkten qualifiziert werden. Sie werden am Beispiel, am exemplarischen Fall und inhaltlichen Schwerpunkt mit vorher besprochenen Steuerungsmodellen der Kommunikation praktiziert. In Bausteinen zu Wirklichkeitsstilen und -inszenierungen, in welchen Konzepte und Modelle zur relevanten und intensiveren Wahrnehmung angeboten werden, werden diese in Supervision und kollegialer Beratung eingeübt, angewandt und vertieft.

Diese Vorgehensweise bringt somit einen Mehrwert auf zwei Ebenen. Zum einen soll versucht werden, die Modelle unmittelbar in Anwendung mit eigenen beruflichen und privaten Situationen zu setzen, sich in der Anwendung zu üben und durch den Praxisbezug den Lernerfolg zu erhöhen. **Die Repräsentation und Lebendigkeit der Konzepte entsteht durch beispielhafte Erzählung von Erfahrungen mit diesen Modellen in der Praxis und deren Vertiefung in so genannten Designübungen sowie deren Verknüpfung mit konkreten oder imaginären Fällen und Anlässen aus dem Erfahrungsschatz der Teilnehmer.** Diese erlebnisnahe Verarbeitung hilft, den Transfer und die Abrufbarkeit der Modelle in tatsächlichen Praxissituationen zu fördern, in denen das Individuum nicht ohne weiteres aufgrund vielfältiger Umgebungsfaktoren auf neue Konzepte in seiner Selbststeuerung handlungsorientiert zurückgreifen kann. Sie fördert somit die Kompetenzentwicklung und erhöht die professionelle Selbststeuerung und personale systemische Professionalität, welche zentrale Elemente der Professionalisierungsbestrebungen des Instituts darstellen. Zum anderen entstehen durch die Modelle und deren Anknüpfung an eigene Fragenkontexte relevante und sinnvolle Handlungsalternativen als Lösungsvarianten. Diese beiden Elemente der Lernkultur werden als deduktives und induktives Lernen bezeichnet.

Am Institut versteht man Professionalisierung und Professionalität in erster Linie personen- und damit rollenbezogen, aber dennoch mit Blick und Relevanz für gesellschaftliche und kulturelle Zusammenhänge. **Es geht bei so verstandener Professionalität vorrangig um die Steuerung und den Umgang mit professionellen Situationen aus einem verinnerlichten, professionellen Selbstverständnis und dem Verständnis der eigenen Berufsgemeinschaft und Professionskultur.**

Die am Institut zentrale Figur der **Entwicklung von Selbststeuerungskompetenz für das berufliche Handeln** kann angelehnt werden an die Ansätze des Deutungslernens und der Deutungskompetenz, muss jedoch auf den professionellen Kontext bezogen werden. Es geht aus einer systemischen Haltung heraus um das Wahrnehmen von Zusammenhängen und

Wirkungsbeziehungen unter Einbezug des Kontextes und der Wirklichkeitskonstruktion der Beteiligten sowie um die stimmige und auf das Wesentliche ausgerichtete Konfiguration von Interventionen.

Bei der kollegialen Beratung liegt ein »pädagogischer Doppeldecker« (Mutzeck 1992, 153f.) insofern vor, als die Teilnehmenden die Beratung, in der sie sonst als Berater eingebunden sind, in der Fortbildungssituation aus der anderen Perspektive erleben dürfen und somit die angesprochenen Lernoptionen, die mit einem Perspektivenwechsel verbunden sind, für den Lernenden relevant werden.

In der als supervisionsorientiertes Lernen beschriebenen Konzeption der Verknüpfung von kollegialer und professioneller Supervision wird gefördert, dass unter den Teilnehmern aus beratenden Berufen in einer Community of Practice ein Kompetenz- und Wissenszuwachs stattfindet, da die Teilnehmer der Weiterbildung in ihren beruflichen Kontexten selbst professionell beraten und das Arbeiten und Lernen in Formen kollegialer Beratung gewissermaßen ein Übungsfall für den Ernstfall im Berufskontext darstellt. Die Qualität kollegialer Beratung im Vergleich zu professioneller Beratung muss nicht minderwertiger sein, insbesondere dann nicht, wenn es sich bei den Teilnehmenden um Beratungserfahrene aus helfenden und bildenden Berufen sowie Trainer, Berater, Coaches oder Supervisoren handelt. Allerdings besteht in der **kollegialen Beratung oder Intervision** kein Anspruch auf Beratungsprofessionalität, sondern es handelt sich um einen kollegialen Schonraum, der zum gegenseitigen Austausch von Praxis- und Professionserfahrungen und das gegenseitige Nutzbarmachen von Wissensbeständen genutzt wird.

Aus dem Verständnis des Instituts und aus meiner Sicht kann das supervisionsorientierte Lernkonzept und die damit verbundene Lernkultur an folgenden Hauptmerkmalen festgemacht werden:

- **Es handelt sich um exemplarisches, fragmentarisches Lernen und Lehren**, das personale Professionalität fördert, wobei gerade die Qualität der Beispiele und Inszenierungen und die Art und Weise, wie im Rahmen der entwickelten Lernkultur damit gearbeitet und umgegangen wird, ausschlaggebend für den Lernerfolg und den Lerneffekt sind. Fragmentarisches und exemplarisches Lernen meint das Lernen an der Beispielhaftigkeit des Falles im Sinne von Mustern. Dabei kann die Auseinandersetzung mit Einzelaspekten auch Aufschluss auf die Organisation und Dynamik des Ganzen geben. Durch die Bearbeitung »einer exemplarischen Problem- und Konfliktsituation« (Thiel 2000, 189) und darauf bezogenen Hypothesen und Lösungsoptionen entstehen neben dem aktuellen Lerneffekt auch Transfermöglichkeiten auf andere Konstellationen als langfristiger Lerneffekt. Dabei entsteht die Möglichkeit des qualitativen Transfers (Schmid 2002, 61), wenn der bearbeitete Fall qualitativ hochwertig aufgearbeitet wird, d.h. wenn die Beispielhaftigkeit des Falles sich dadurch auszeichnet, dass an ihm exemplarisch Lösungswege durch erkennbare Muster des Kleinen im Großen und damit Kompetenzen zur Selbststeuerung und Lösungsfindung entwickelt werden können. In der Gruppe entsteht Kooperation im Sinne einer Balance von Geben und Nehmen auf verschiedenen Ebenen am Beispiel und von Lernen im Lehren sowie Lehren im Lernen als wesentlicher Austauschprozess im Beratungsvorgang in einer besonderen Atmosphäre. Es entsteht Raum für persönliche Begegnung, die Teilnehmer treten durch die Spiegelung persönlicher Entwicklungen und Fragen persönlicher und professioneller Identität in Kontakt zueinander. Dies führt auch aus eigener Erfahrung in der Lerngruppe zu einer besonderen Kultur des Miteinander- und Voneinander-Lernens.

- **Ein Zusammenspiel von unbewusst-intuitivem und bewusst-methodischem Lernen** ist diesem Lernkonzept zu Grunde gelegt, welches sich am Dialogmodell der Kommunikation orientiert. Es findet danach ein implizites Lernen von Inszenierungsstilen und Inszenierungswahrnehmungen und Haltungen statt. Das Modell stellt die Vielschichtigkeit von Lernen und Lernkultur klar.

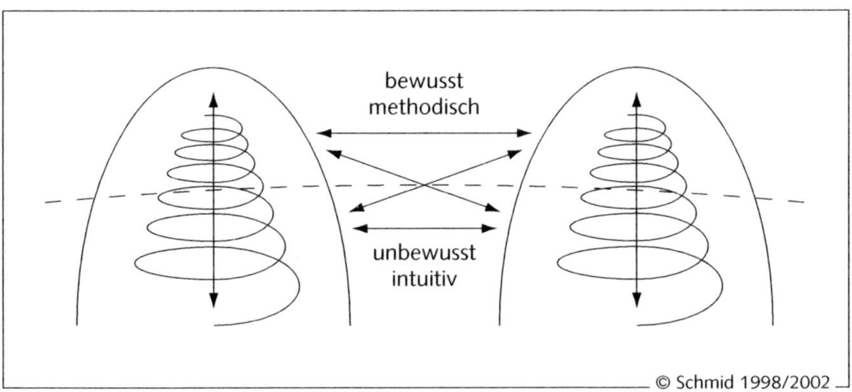

Abb. 36: Dialogmodell der Kommunikation

Das bewusst-methodische und unbewusst-intuitive Lernverständnis lässt sich ankoppeln an einen heimlichen Lehrplan sowie systemisches (implizites) Lernen als ein wichtige Anforderung an eine neue Lernkultur. Aus diesem Verständnis werden Haltungen, Kompetenzen und Stile der Wahrnehmung und Wirklichkeit unterschwellig und unbewusst-intuitiv im Lernprozess wahrgenommen und entwickelt.

Durch die bewusste Fokussierung auf und Gestaltung von Lehr-Lern-Umgebungen, gerade von Kommunikations- und Interaktionssituationen, werden eine Vielzahl an (Lern-)Haltungen, Werten, Einsichten, Steuerungskonzepten und Problemlösemuster transportiert und Kompetenzen gefördert. Dieses implizite Lernen läuft zumeist unbewusst, hintergründig und intuitiv ab. Die Förderung der so genannten Schlüsselqualifikationen wird somit Bestandteil des Lernprozesses für Berater als selbsttätiges, eigenaktives und lebendiges Lernen.

Kollegiale Beratungsdesigns und didaktisches Setting in der Praxis der Beraterqualifizierung

Verschiedene Leitfäden und Sitzungshilfen lassen sich in der Literatur und in den Beiträgen diese Buches finden. In ihrer Grundvorstellung der Strukturierung von kollegialen Beratungen stimmen die meisten Leitfäden überein, gleichwohl gibt es aus meiner Sicht verschiedene Varianten in Details des strukturellen Ablaufs. Für die Orientierung an einem solchen Leitfaden sprechen verschiedene Gründe.

Nur so kann die Gruppe in einer begrenzten Zeit einen Fortschritt erreichen und verschiedene Teilnehmer können die Rolle des Ratsuchenden einnehmen. Spezifisch für den Einsatz in der Qualifizierung von Beratern ist, dass diese ähnlich der professionellen Beratungssituation fokussiert werden auf ihre Rolle und das Erbringen einer für den Klienten relevanten Beratungsdienstleistung. Die Rollen sind in der kollegialen Supervision im Gegensatz zur angeleiteten Beratung und Supervision nicht festgelegt, sondern sie wechseln von Sitzung zu Sitzung oder von Fall zu Fall. Die Rollen sind nicht hierarchisch angeordnet, sondern die Teilnehmer begegnen sich im Sinne kooperativen Lernens und horizontaler Beratung – im Unterschied zu vertikaler Beratung – gleichwertig und erarbeiten gemeinsam Lösungsoptionen. Für das Ausfüllen der Rollen werden rollenspezifische Handlungsanweisungen für die einzelnen Teilnehmer der kollegialen Beratungsgruppe benötigt. Dadurch kann ein dialogischer Austausch zur Reflexion von beruflichem oder privatem Handeln entstehen. Die Rollenbeschreibungen sind jedoch nicht als strikte Anweisungen gedacht, sondern strukturieren vielmehr den Aufbau und Ablauf einer Beratungssitzung im Sinne eines didaktisches Designs. **Es entsteht so stellvertretendes Lernen durch angeleitete Kommunikation, Rückmeldung und Kooperation durch die Strukturierung der Kommunikation, welche eine hohe Rollen- und dadurch Fokustreue sowie die Unterstützung der Eigenpotenziale und Selbsthilfekräfte ermöglicht.** Die Orientierung an einem dafür designten Drehbuch oder Programm hilft bei der Inszenierung dieser Selbsthilfe- und Lernform.

Die Verteilung der Rollen in der kollegialen Beratung und Supervision variiert. Dabei wird zum Teil nur mit Ratsuchendem und Beratergruppe

	85 min	**Plenum: Aufteilung in Untergruppen und Einnehmen der Rollen des Fallgebers A und der Berater B, C, D.**
1.	15 min	Anberaten des Anliegens durch B, C und D im Sinne einer Ortsbegehung. Dabei werden zwei bis drei zentrale Fragestellungen herausgearbeitet.
2.	15 min	B, C, D überlegen sich: Was ist das Problem bzw. die Entwicklungsherausforderung von A? Was wären dazu passende Lösungen bzw. Entwicklungsschritte? Was wäre mein Beratungsangebot und wie würde ich dieses realisieren? Was stelle ich mir dabei vor, was wirkt? Wie wäre das Problem dann gelöst?
3.	je 3 min	B, C, D skizzieren ihr Angebot gegenüber A.
4.		A entscheidet sich für ein Angebot (ohne Begründung).
5.	20 min	Durchführung der Beratung durch den ausgewählten Berater.
6.	10 min	Die Beobachter geben der BeraterIn Feedback bezüglich ihres Beraterverhaltens.
7.	5 min	Zur Marktsituation und Auswahl begründet A jedem der anderen (Ergänzung durch Feedback der anderen). Ich habe dich gewählt, weil... . Du hättest bessere Chancen gehabt, wenn... .
8.	10 min	Kurze Nachbesprechung und Reflexion der Untergruppenübung.

© Veith 2002

Abb. 37: Beratungsübung Beratermarkt (Untergruppen)

gearbeitet oder man verteilt die Rollen nach Ratsuchendem, Hauptberater und Ko-Berater und sogar Interviewteam. Dabei kann innerhalb der Beratung mit verschiedenen Methoden auf akustisch-verbaler, visueller und kinästhetischer Ebene gearbeitet werden, um den verschiedenen Lernstilen und -typen bzw. der jeweiligen Situation oder des Problems gerecht zu werden. In dieser Hinsicht unterscheidet sich kollegiale Beratung nicht vom professionellen Setting, denn auch dort werden von Beratern verschiedene Methoden und Instrumente herangezogen, über die im kollegialen Rahmen ein Austausch stattfinden kann.

Als Umgebungsbedingungen sollten verschiedene Arbeitsvereinbarungen und Regeln festgelegt werden. Neben anderen sind Verbindlichkeit, aktive Beteiligung, Bereitschaft zur Offenheit und Authentizität, Selbstver-

	ca. 90 min	**Plenum: Aufteilung in Untergruppen: A, B, C, D, E**
1.	2 min	Fallbringer A wählt zwei Interviewer B und C und einen Zeitbeobachter D aus.
2.	10 min	A stellt sein Anliegen dar und formuliert 2 - 3 zentrale Fragestellungen.
3.	je 10 min	B und C explorieren nacheinander wesentliche Perspektiven des Problems.
4.	5 min	B und C erhalten von A, D und E kurze Rückmeldung für ihr Interview.
5.	15 min	B, C, D und E bilden Hypothesen (keine Lösungen) mit Fokus auf: • Was wäre förderlich für eine Veränderung? • Welche Systemebenen sind relevant für die Fragestellung? A hört zu.
6.	10 min	A wertet die Hypothesen aus.
7.	8 min	Gruppenbrainstorming: B, C, D und E formulieren Lösungsideen. A hört zu.
8.	7 min	A reflektiert die Ideen.
9.	5 min	Kurze Reflexion von B, C, D und E zu: • Was hat das Thema bei/in mir ausgelöst?

Abb. 38: Beraterübung Hypothesenbildung für Systemlösungen (Untergruppen)

antwortung und Eigenständigkeit sowie Vertrautheit die aus meiner Sicht wesentlichen.[4]

Im Folgenden werden zwei Designs vorgestellt, wie sie in der Fortbildung am *Institut für systemische Beratung* eingesetzt werden. Neben verschiedenen Grunddesigns wird in diesen beiden Strukturhilfen jeweils spezifisch auf Anforderungen der Beraterqualifizierung Bezug genommen.

Im Kontext der Fortbildung dient es neben den genannten Effekten spezifisch der Beraterqualifizierung als Übungsraum. Auf dem so genannten Beratermarkt lernen die Teilnehmer nicht nur, ein Beratungsangebot als Design zu erstellen, nachdem gemeinsam eine Ortsbegehung des Beratungsanliegens durchgeführt wurde. Die Idee, zunächst ein Design einer Beratungsdienstleistung zu entwickeln, entlastet von der sofortigen Umsetzung. Es kann geübt werden, in der Kopplung zweier auf sich selbst bezogener Systeme, in diesem Setting eine gemeinsame Wirklichkeit zu schaffen. Kommunikation entsteht nicht als Begegnung in einer gemeinsamen Realität (Konsensusrealität), sondern bedeutet Kopplung als eine Form der Selbstorganisation der beteiligten Systeme. Beratung findet aus systemisch-konstruktivistischer Perspektive immer zwischen zwei Systemen statt, einem Klientensystem und einem Beratersystem. Diese beiden Partner konstruieren und gestalten ihre eigene Wahrnehmung von Wirklichkeit vor dem Hintergrund ihrer persönlichen und beruflichen Identität, persönlicher Erfahrungen und über »die Zugangsweise zur Welt, die Vorwegannahmen, was in ihr vorzufinden wäre und wie Zusammenhänge herzustellen sind« (Schmid 1994, 31). Gleichzeitig muss sich der Berater mit seiner Beratungsdienstleistung am Markt sowohl in seiner professionellen Rolle als auch im Schonraum der kollegialen Beratung positionieren. Dafür ist die relevante Anschlussfähigkeit beider Systeme und das Entwickeln einer darauf bezogenen Designidee entscheidend, hinsichtlich welcher der Berater in der kollegialen Übung ein Feedback vom Fallgeber sowie aus der Gruppe erhält. Lernen und Kompetenzentwicklung findet in einer Communitiy of Practice und einer Professional Community statt.

Das zweite Design kollegialer Beratung legt den Fokus auf die Hypothesen- und Optionsgenerierung in Dreier- und Mehrfachbeziehungen oder Organisationskontexte sowie auf den Komplex von Organisationsstruktur und -dynamik als ein wesentliches Merkmal. Die Art der Fragen an den Falleinbringer werden erweitert auf den Organisationskontext der Beteiligten, so dass Wirklichkeitsvorstellungen bezogen auf Organisationszusammenhänge und darin vorhandene Beziehungen entwickelt bzw. Sichtweisen rekonstruiert werden können. Dadurch können auf die Organisation zugeschnittene und der Weiterentwicklung der Organisation zuträgliche Konfigurationen als Systemlösungen entworfen werden.

Es wird darüber hinaus deutlich, dass die Arbeitsweise in der kollegialen Beratung an Überlegungen zu partizipativem und kooperativem Lernen angeschlossen werden kann. Die Teilnehmer begegnen sich gleichwertig, d.h. horizontal in der Gruppe, jedes Mitglied kann und soll die verschiedenen Rollen wechselnd einnehmen. Die Lösungsoptionen werden gemeinsam erarbeitet, reflektiert und die Anregung zu Hypothesen findet wechselseitig statt. Wesentlich ist auch die freie Inhalts- und Themenwahl sowie die Orientierung an den Lern- und Problemlöseinteressen im Sinne der Subjektorientierung, wie sie im Rahmenkonzept der Lernkultur angelegt ist.

Sonntag formuliert Prinzipien (nach Reinmann-Rothmeier/Mandl/Prenzel 1994) einer Lernumgebungsgestaltung als Authentizität, Situiertheit, multiple Kontexte und Perspektiven und soziale Kontexte, die sich in der kollegialen Beratung und Supervision wieder finden lassen. Authentizität wird dadurch hergestellt, dass reale Situationen und Beispiele vom Fallgeber eingebracht werden und sich die Teilnehmer in einer auf Anwendung der Lösung bezogenen Lernsituation befinden. Auch die Frage nach der Situiertheit der Lernsituation kann durch die reale Fragestellung, der Echtheit des Problems und die praktische Relevanz der Lösungsvarianten beantwortet werden. Die multiplen Kontexte und Perspektiven sowie der soziale Kontext wird durch das Arrangement des kooperativen Lernens selbst hergestellt, in dem vielfältige Sicht- und Herangehensweisen möglich und gewünscht sind und die Art der Fragestellung an die Beratergruppe prinzipiell offen gelassen wird. Der soziale Kontext wird in der Kooperation in Bezug auf die Problemlöseorientierung der Gruppe besonders deutlich. Das partizipative Element ist darin zu sehen, dass durch die unterschiedlichen Fähigkeiten der Teilnehmer in Bezug auf Fragestellungen oder Kontextwissen immer auch ein Teilhaben an den Wissenspotenzialen der anderen entsteht und dadurch Erfahrungslernen möglich und ein praxisorientiertes Lernumfeld geschaffen wird. Darüber kann durch die Partizipation Beobachtungs- und Modelllernen stattfinden. **Die Form der kollegialen Beratung ist somit eine Methode eines handlungsorientierten Lernens als zentrales Element einer neuen Lernkultur.**

Fazit und Ausblick

Das Zusammenwirken von kollegialer Beratung und einer neuen Lernkultur wurde in vielen Perspektiven deutlich. Beide Konzepte bedingen sich gegenseitig und üben förderlichen Einfluss aufeinander aus. Dies ist insbesondere in den verschiedenen Arten des Lernens zu sehen. **Für die Weiterbildung konnte gezeigt werden, dass den Formen der kollegialen (Fall-)Beratung zum einen die wichtige Funktion des Lerntransfers von der Theorie in die Praxis zukommt, zum anderen die Entwicklung der Persönlichkeit und für die Beratung wesentlicher Kompetenzen vollzogen wird.**

Aus meiner Sicht kann das Resümee lauten, dass über den Einsatz dieser Beratungs- und Lernformen in der Weiterbildung etwas über die Qualität der Maßnahme ausgesagt wird, v.a. dann, wenn es bei der Qualifizierungsmaßnahme um die Professionalisierung von Beratern geht. Denn die Änderung des eigenen Verhaltens kann aus der Sicht einer neuen Lernkultur nicht allein über die Vermittlung von formalen Wissen gefördert werden, sondern erfolgt über eine Reihe von Prozessen, die in der kollegialen Beratung angeregt werden. Somit kann kollegiale Beratung und Supervision als eine Beratungs- und Lernform der Zukunft in einer neuen Lernkultur angesehen werden.

Anmerkungen

1 Überarbeiteter Auszug aus einer Magisterarbeit (Fakultät für Sozial- und Verhaltenswissenschaften, Univ. Heidelberg): Kollegiale Beratung und Lernkulturentwicklung (Sept. 2002); Buchfassung in Vorbereitung

2 Darüber, wie diese verschiedenen Prägungen und Differenzierungen von Kultur in Institutionen zueinander angeordnet sind und sich zueinander beziehen, wie über die Begrifflichkeiten selbst, gibt es kein einhelliges Verständnis. In diesem Zusammenhang sollen sie als Perspektiven des Kulturbegriffs gesehen werden. (Vgl. Sackmann, S.: Unternehmenskultur. Analysieren - Entwickeln - Verändern. Mit Checklisten, Fragebogen und Fallstudien. Neuwied 2002)

3 Sie tun dies analog zum Supervisor in der angeleiteten Supervision aus einer Metaperspektive eines externen Beobachters.

4 Mutzeck (1996, 87) formuliert dies zusammenfassend in gleicher Weise: »gegenseitige Achtung und Wahrnehmung, Wertschätzung und Kompetenzzuschreibung sowie wechselseitige Transparenz durch einen um Wahrheit bemühten Informationsaustausch« gehören zur »Ethik und Kultur einer Kooperativen Beratung«.

Literatur

ARNOLD, R./SCHÜSSLER, I. (1996) Deutungslernen – ein konstruktivistischer Ansatz lebendigen Lernens. In: Arnold, R. (Hg.): Lebendiges Lernen. Baltmannsweiler, 184-206

ARNOLD, R./SCHÜSSLER, I. (1998) Wandel der Lernkulturen: Ideen und Bausteine für ein lebendiges Lernen. Darmstadt

HOLZKAMP, K. (1996) Wider den Lehr-Lern-Kurzschluss. Interview zum Thema Lernen. In: Arnold, R. (Hg.): Lebendiges Lernen. Baltmannsweiler, 21-30

MUTZECK, W. (1992) Kooperative Beratung. Konzeption einer Zusatzqualifikation. In: Pallasch, W./Mutzeck, W./Reimers, H. (Hg.) Beratung – Training – Supervision. Eine Bestandsaufnahme über Konzepte zum Erwerb von Handlungskompetenz in pädagogischen Arbeitsfeldern. Weinheim u.a., 143-160

MUTZECK, W. (1996) Kooperative Beratung: Grundlagen und Methoden der Beratung und Supervision im Berufsalltag. Weinheim

REINMANN-ROTHMEIER, G./MANDL, H./PRENZEL, M. (1994) Computerunterstützte Lernumgebungen. In: Arzberger, H./Brehm, K.-H. (Hg.) Computerunterstützte Lernumgebung. Planung, Gestaltung und Bewertung. Erlangen

ROTERING-STEINBERG (2001) Erfahrungsbericht: Fünf Jahre Kollegiale Supervision für den Praxisbereich »Rehabilitation« einer Krankenversicherung. In: Gruppendynamik und Organisationsberatung 32.2001, H. 4, 433-442

SACKMANN, S. (2002) Unternehmenskultur. Analysieren - Entwickeln - Verändern. Mit Checklisten, Fragebogen und Fallstudien. Neuwied

SCHMID, B. (1994) Wo ist der Wind, wenn er nicht weht? – Professionalität und Transaktionsanalyse aus systemischer Sicht. Paderborn

SCHMID, B. (2002) Organisationskultur und Professionskultur – Überlegungen zu Zeichen am Horizont. In: Profile 4.2002, 58-67

SONNTAG, K. (1996) Lernen im Unternehmen – Effiziente Organisation durch Lernkultur. München

THIEL, H.-U. (2000) Zur Verknüpfung von kollegialer und professioneller Supervision. In: Pühl, H. (Hg.) Handbuch der Supervision 2. 2. Aufl. Berlin, 184-200

II. Teil

Praktische Einsatzmöglichkeiten und Varianten

Hans-Werner Franz

Kollegiale Fallberatung als Bestandteil überbetrieblicher Beratungs- und Qualifizierungsprozesse

Überbetriebliche Beratungs- und Qualifizierungsprozesse, wie sie hier angesprochen werden, sind i.d.R. eingebettet in Projekte, in denen mehrere Unternehmen der gleichen oder unterschiedlicher Branchen im Verbund beraten werden und MitarbeiterInnen verschiedener Betriebe an gemeinsamen Qualifizierungen teilnehmen. Insbesondere bei den Verbund-Qualifizierungen wird die Gelegenheit, sich mit KollegInnen aus anderen Betrieben auszutauschen, sehr gerne wahrgenommen. Das gilt für betriebliche Führungskräfte ebenso wie für andere MitarbeiterInnen oder Betriebsratsmitglieder. In gleicher Weise trifft das für gewerkschaftliche Schulungen oder Managementseminare zu, bei denen Erfahrungen über Betriebs-, Branchen- und gewerkschaftliche Organisationsgrenzen hinweg ausgetauscht werden können. Gerade im Kontext kleiner und mittlerer Unternehmen haben die Beschäftigten selten Gelegenheit, mit Beschäftigten anderer Firmen über betriebliche Veränderungsprozesse zu reden. Diese Austauschprozesse erweisen sich immer wieder als einer der größten Aktivposten solcher Verbundprojekte. Sie leisten einen wesentlichen Beitrag zur Herstellung von Distanz zu den eigenen betrieblichen Verhältnissen, die durch den Vergleich mit dem, was die anderen erzählen, relativiert und realistischer betrachtet werden können, im Guten wie im weniger Guten.

Dabei wird die Distanz jedoch nicht durch die kompetente analytische Durchdringung von Prozessen hergestellt, wie sie der Berater oder die Beraterin als Qualifizierende anstreben, um den fremden Blick auf die eigenen Verhältnisse zu produzieren, sondern durch die gebrochene Spiegelung der eigenen Verhältnisse im Mitvollzug der Schilderung der anderen. Diese vergleichende Selbstreflexion hat zudem den großen Vorteil, dass sie nicht der persönlichen Autorität des Beratenden bedarf. Sie gründet vielmehr auf der Autorität des authentischen Berichts, der seinerseits eine narrative Form der betrieblichen Realitätsanalyse darstellt. Deren Schärfe nimmt durch Austausch und Vergleich nachvollziehbar zu. Es ist erkennbar, dass sich ein solcher Austausch, v.a. wenn er wiederholt stattfindet, als wechselseitiger Lernprozess vollzieht.

Diesen Lernprozess kann der für den Beratungs- und/oder Qualifizierungsprozess Verantwortliche systematisch verbessern, indem zumindest

die Grundelemente der Kollegialen Fallberatung (Perspektivwechsel und Rollenzuschreibung) als Vereinbarung eingeführt werden. Sofern Entscheidungen unterstützt oder Entscheidungsalternativen klarer bewertet werden sollen, kann die Kollegiale Fallberatung ideal ergänzt werden durch die Methode der »Six thinking hats« nach Edward de Bono.

Das Lernarrangement

Die wichtigsten Voraussetzungen für eine erfolgreiche Nutzung solcher kollegialen Beratungsprozesse sind:

- das Wissen um ihre Nützlichkeit und Attraktivität und
- die Einplanung der dafür erforderlichen Zeit im Rahmen des Qualifizierungsprogramms sowie
- eine lernförderliche Konzeption, wie die provozierten oder spontan entstehenden Austauschprozesse mit möglichst wenig Intervention des/der Qualifizierenden zu lehrreichen Beratungsprozessen werden.

Zunächst muss gewährleistet sein, dass im Rahmen des Qualifizierungsprozesses **Zeit für solche Austauschprozesse vorgesehen** ist. Das Interesse daran sollte schon zu Beginn eines jeden Seminars oder Workshops im Rahmen des Miteinander-bekannt-Machens geschürt werden. Eine der möglichen Formen ist, dass alle TeilnehmerInnen neben den üblichen Angaben zur Person und zum Betrieb sowie zu ihren Erwartungen beschreiben, wie sie sich in ihrem Betrieb und dessen subjektiv beschriebenen Problemstrukturen situieren. So entsteht neben dem persönlichen Bild jeweils ein subjektives betriebliches Soziogramm, das allen TeilnehmerInnen die Möglichkeit gibt, sich mit ihren eigenen Darstellungen dazu in Beziehung zu setzen. Nachfragen sollten daher schon bei dieser ersten Bekanntmachungsrunde erlaubt sein. Sie dauert dadurch länger, regt dafür jedoch genau jenes Austauschinteresse an, das zielgerichtet genutzt werden soll.

- spontaner Austausch
- geregelter Austausch (kollegiale Beratung)
- kollegiale Fallberatung

© Franz 2003

Abb. 39: Kollegiale Fallberatung in drei Schritten

Es gibt keine allgemein gültigen Rezepte dafür, wie der zunächst spontan und sporadisch aufkommende Austausch zu konkreten betrieblichen Erfahrungen schrittweise in einen systematischeren, von bestimmten Regeln geprägten Austausch überführt und schließlich, sofern gewünscht, zur fallspezifischen Beratung verengt wird. Das hängt nicht zuletzt davon ab, ob und in welcher Weise die Teilnehmenden schon mit den Regeln eines strukturierten Austauschs vertraut sind oder vertraut gemacht werden müssen. Dieser Übergang kann behutsam oder zielstrebiger gestaltet werden; der Regulierungsschritt sollte aber auf jeden Fall gemacht und auch im Zuge einer abschließenden Lernreflexion zumindest nachvollzogen werden, damit die Teilnehmenden nicht auf die Idee kommen, sie würden hierbei um Qualifizierungszeit »betrogen«.
Normalerweise laufen diese Austauschprozesse zunächst so ab, dass die Teilnehmenden spontan erzählen, was ihnen zu einem angesprochenen Thema aus dem jeweils eigenen Betriebskontext in den Sinn kommt. Dieser spontane Austausch sollte schrittweise zu einem geregelten werden, etwa in der Weise, dass zu einem aufkommenden Thema alle Beteiligten einen möglichst vollständigen Beitrag über eine partielle Assoziation hinaus leisten sollen. **Geht es anfangs also völlig spontan assoziativ zu, wird irgendwann eine Reihenfolge samt der Regel eingeführt, dass Fälle oder Fallanalysen beschrieben werden sollen.** Dadurch ergibt sich die Mindestregelung, eine Differenzierung in die beiden Grundrollen Erzählperson oder Fallgeber und Zuhörende, fast von alleine.

Der zweite Schritt, die Umkehrung dieser Regel, ergibt sich dann folgerichtig: Nachdem alle der Erzählperson zugehört haben, muss nun die Erzählperson den Erörterungen der bisher Zuhörenden »zur Sache« zuhören. Ist dieser immer noch vergleichsweise spontane Prozess thematisch abgeschlossen, sollte die Erzählperson noch einmal die Gelegenheit bekommen, Stellung zu nehmen, zu berichten, ob sich neue Aspekte ergeben haben usw. Dieser Schritt kann schon mit zeitlichen Beschränkungen versehen werden, die sofort den Rollencharakter dieses Austauschs stärker profilieren.

Erfahrungsgemäß kommen bei mehrtägigen Seminaren oder bei Qualifizierungen mit mehreren Terminen in der gleichen Gruppenzusammensetzung meist von selbst Bedürfnisse nach einer systematischeren Beratungsform auf.

Zum **Beispiel***: Ein Teilnehmer erinnert sich an eine Situation, in der er eine Entscheidung zu treffen hatte. Er ist sich bis heute nicht sicher, ob er die richtige Entscheidung getroffen hat.*

Oder: Eine Teilnehmerin steht vor einer wichtigen Entscheidung bzw. sieht durch den Austausch oder die gründlichere Auseinandersetzung mit bestimmten Fragen im Zuge der Qualifizierung deutlicher die Notwendigkeit, eine bestimmte Entscheidung herbei zu führen. Beide erhoffen sich von einer Reflexion in der Gruppe mehr Transparenz und Klarheit der Entscheidungsalternativen oder Verhaltensmöglichkeiten.

Dann ist es Sache des oder der Qualifizierungsverantwortlichen – alleine oder, besser, mit der Gruppe –, weitere Spielregeln und Rollen zu entwikkeln. So wird zu klären sein, ob der Fall und die zur Sprache kommenden Aspekte der Fallberatung aufgeschrieben (Flipchart, Whiteboard etc.) oder sonst visualisiert werden und wem diese Rolle zufallen soll. Das kann zunächst Aufgabe der das Seminar leitenden Person sein, kann, sofern einschlägige Erfahrung vorliegt oder Moderieren und Visualisieren Bestandteil der Qualifizierung sind, aber auch gleich einer Person aus der Gruppe zufallen. Auch die Bestimmung einer den Prozess beobachtenden Person kann erwogen werden. Auf jeden Fall sollte eine Person sich der Zeitregulierung (nach vereinbarten Regeln) annehmen. Das muss jedoch keine selbstständige Rollenzuschreibung sein.

Diese Prozesse führen häufig dazu, dass Entscheidungsalternativen für reale betriebliche Situationen durchgespielt werden.

So wurde zum **Beispiel** *in einem Seminar von einem Teilnehmer der Wunsch geäußert, die von der Firmenleitung vorgestellte Idee zu erörtern, das Gros des Betriebes auf eine Vier-Tage-Woche (mit Arbeitszeitkonto) bei Erhalt der 35 Stunden umzustellen, wobei als Variation die Möglichkeit ins Auge gefasst wurde, eine Woche von montags bis donnerstags und in der darauf folgenden dienstags bis freitags zu arbeiten, um größere Freizeitblocks, aber auch Flexibilitätspuffer zu bekommen. Da es sich um einen interessanten Fall und klare Entscheidungsalternativen handelte, wurde diese Gelegenheit von allen gerne aufgenommen, die Methode der »six thinking hats« im Rahmen und als Modifizierung einer Kollegialen Fallberatung zu erproben.*

»Six thinking hats« als weitere Systematisierung

Diese im Grunde sehr einfache **Methode des parallelen Denkens**, die auch unabhängig von der Kollegialen Fallberatung für jegliche kollektive Entscheidungssituation genutzt werden kann, wurde von dem Wissenschaftler Edward de Bono entwickelt. Sie baut darauf auf, dass alle Beteiligten nacheinander unterschiedliche Perspektiven auf einen gemeinsamen Beratungsgegenstand einnehmen und dabei nicht nur die kognitiven Aspekte eines solchen Prozesses zum Tragen kommen, sondern auch die individuell unterschiedlichen subjektiven Betrachtungsweisen verschiedener Persönlichkeiten zum Ausdruck kommen können.

Zunächst werden nur die reinen Tatsachen zusammengetragen; hier brillieren die Zahlen- und Faktenhuber (weißer Hut).

Dann müssen alle sich um die Sammlung positiver Aspekte und Vorteile bemühen: die Stunde der Optimisten (gelber Hut).

Danach tragen alle negative und riskante Aspekte zusammen: die Stunde der Pessimisten und Bedenkenträger (schwarzer Hut).

Als Nächstes kommen die Querdenker und »Spinner« zu ihrem Recht, wenn sie darstellen, wozu das alles auch noch führen kann (grüner Hut).

Schließlich dürfen alle auch noch einfach sagen, was ihr Bauch dazu zu vermelden hat: »Klasse«, »geht in die Hose«, »doof« (roter Hut).

Den Sechsten, den blauen Hut, hat der Sitzungsleiter, Moderator, der für die Einhaltung der Regeln Verantwortliche auf.

Das »Hütchenspiel« einmal ganz anders...

Bewertung von Vorschlägen und Alternativen

Hutfarbe	**weißer Hut**	**gelber Hut**	**schwarzer Hut**	**grüner Hut**	**roter Hut**	**blauer Hut**
Diesen **Hut** aufsetzen, bitte						
Alle sollen nacheinander diese **Person** bzw. **Rolle** spielen	• Zahlenhuber • Datensammler • Pingel	• Optimist • Realist • Rechenkünstler • Investor	• Pessimist • Bedenkenträger • Schwarzseher	• Querdenker • Ausmaler • Künstler • Spinner • Träumer	• Seelchen • Wüterich • Nostalgiker • Hoffnungsträger	• Moderator • Steuermann • Zielbewusster
Diese **Aufgabe** haben Sie jetzt; das sind die **Ziele** der jeweiligen Rolle	• Zahlen • Fakten • Informationen zusammentragen	• Vorteile und • Nutzen erkennen • Effektivität und Effizienz benennen	• Nachteile und • Risiken erkennen • Vorsicht walten lassen	• Fantasie walten lassen • Chancen sehen • ab- und ausschweifen	• Gefühle sprechen lassen • den Bauch fragen • Intuition walten lassen	• Überblick und • Kontrolle behalten • Regeln einhalten • Ziele im Blick behalten

Abb. 40: Six Thinking Hats

Ich empfehle diese Methode für Situationen, wo klare Entscheidungsalternativen auf dem Tisch liegen und in kurzer Zeit alle Beteiligten ihren Beitrag zu einer gemeinsamen Entscheidung leisten sollen. Dabei ist es sehr hilfreich, wenn derjenige mit dem blauen Hut die genannten Aspekte aufschreibt (Pinnwand, Flipchart, Whiteboard). Alleine die so entstehenden, für alle sichtbaren Häufungen erzeugen meist klare Meinungsbilder. Die Methode produziert in sehr kurzer Zeit klare Meinungsbilder und hat in kürzester Zeit zur Folge, dass selbst die chaotischsten Diskussionsteilnehmer sich diszipliniert an einem versachlichten Klärungsprozess beteiligen.

Wenn man der Meinung ist, dass die Beteiligten beim ersten Mal die bunten Hüte albern finden, kann man ohne weiteres darauf verzichten und nur den Perspektivenwechsel in den Vordergrund stellen, wie ich es hier zunächst auch getan habe. Bei häufigerem Gebrauch hilft die farbige Unterscheidung der Hüte rasch, durch einfachen Aufruf der Farbe spontan und dennoch geordnete, transparente Prozesse der Herstellung von Unterscheidung und Entscheidung herbei zu führen.

Bei dem oben angeführten **Beispiel** *der Vier-Tage-Woche haben wir als zusätzliche Differenzierung eingeführt, dass jede/r Beitragende bei jeder Perspektive jeweils Aspekte aus betrieblicher und aus ArbeitnehmerInnensicht anführen kann oder soll. Dann wurden zunächst alle Aspekte zur Vier-Tage-Woche an sich gesammelt und im zweiten Schritt zusätzlich ins Gewicht fallende Aspekte des alternierenden Wochenrhythmus zusammen getragen. Das Ergebnis war für den Fallgeber überraschend klar. Vorgetragen hatte er den Fall als erklärter Skeptiker. Er resümierte, der Prozess habe ihm nicht nur sehr viele zusätzliche Aspekte erschlossen, sondern auch zu einer eindeutig positiven Haltung zu dem Vorschlag verholfen. Für die eventuelle Umsetzung wurde dann noch als wichtig vereinbart, dass sie zunächst als Pilotmaßnahme zu fahren sei und nach einem zu vereinbarenden Zeitraum überprüft und ggf. modifiziert oder gar zurück genommen werden müsse.*

Eva Heinold-Krug

Kollegiale Fallberatung zur Unterstützung der Einführung von Qualitätsmanagementsystemen

1. Einsatzkontext

Am *Deutschen Institut für Erwachsenenbildung – DIE* – wurde ein Qualifizierungskonzept für das Personal an Bildungseinrichtungen entwickelt, das für die Einführung von Qualitätsmanagement in der eigenen Einrichtung verantwortlich ist und sich im Rahmen einer Fortbildung für diese Aufgabe qualifiziert. Diese Qualifizierung ist zentral und bundesweit organisiert, es treffen also Teilnehmende aus verschiedenen Bildungseinrichtungen zusammen.

Die Qualifizierung stellt sich einer dreifachen Herausforderung:

- sie will den Teilnehmenden einen systematischen und handlungsorientierten Zugang zum Thema über das Angebot fundierten Wissens im Rahmen von Seminaren zum aktuellen State of the art der Qualitätsentwicklung bieten;
- sie will die Teilnehmenden bei der Initiierung und Umsetzung eines Projektes von Qualitätsentwicklung in die Realität ihrer jeweiligen Einrichtung unterstützen und bei der Gestaltung ihrer persönlichen Handlungsmöglichkeiten im Rahmen von Kleingruppen zur Fallberatung begleiten;
- sie will im Arbeitsfeld der Teilnehmenden Wirkung zeigen, indem sie die Durchführung eines Qualitätsprojekts sichert.[1]

Da die Bildungseinrichtungen bei der Einführung von Qualitätsmanagement unter hohem Druck stehen (Legitimation öffentlicher Gelder, Konkurrenz mit anderen Einrichtungen, Umstrukturierung der öffentlichen Verwaltungen, zu denen Bildungseinrichtungen häufig gehören, auch rascher Wandel des gesellschaftlichen Umfeldes, in dem sie agieren), muss eine zentral organisierte Fortbildung die Gewähr dafür bieten, dass im Anschluss an die eigentliche Fortbildungszeit die Transferphasen bis zur Anwendung des Gelernten im organisationellen Kontext möglichst kurz sind und effektiv gestaltet werden. Der Transfer wird deshalb als Lernebene integriert, die Teilnehmenden bringen ein konkretes Praxisprojekt mit, dieses Projekt wird als parallel zu den Seminaren durchgeführt und in Kleingruppen beraten. Diese Kleingruppen umfassen ca. drei bis fünf Personen und arbeiten mit dem Format der Kollegialen Fallberatung. Die Besonderheit liegt darin, dass zusätzlich ein professioneller Berater oder eine Beraterin für die Teilnehmenden zur Verfügung steht und den Prozess als Lernebene gestaltet.

Dieses integrierte Qualifizierungskonzept soll es den Teilnehmenden ermöglichen,

- systematisches und feldspezifisches Wissen zu erwerben und vorhandenes Wissen und Erfahrungen zu ergänzen;
- im und am eigenen Handeln zu lernen und das in den Seminaren erworbene systematische Wissen für die Bewältigung von konkreten Handlungsproblemen zu nutzen;
- das eigene konkrete Handeln und Verhalten unter Zuhilfenahme zweier verschiedener Außenblicke zu reflektieren und zu verbessern: der Perspektive von Kolleginnen und Kollegen, die als »peers« auch Einrichtungs- und Praxiserfahrung anbieten können, und der Perspektive einer Beraterin oder eines Beraters, die aus ihrer Feld-, Professions-, Organisations- und Beratungserfahrung heraus Typisches, Allgemeines und Besonderes im Bezug auf Handlungsfeld und Rolle erfassen können.

Das Konzept verbindet fortbildende und beratende Elemente miteinander, weil durch diese Verknüpfung gewährleistet ist, dass sowohl der sachliche als auch der personengebundene Teil des Themas Qualitätsentwicklung nachhaltig angeeignet werden kann.

Die Teilnehmenden kommen aus verschiedenen Einrichtungen, sie haben sich frei zusammengefunden, wobei die vorgeschlagenen Regeln für die Gruppenbildung die Konkurrenzfreiheit um Ressourcen, die Differenz der Einrichtungsgrößen und -typen aber auch der Persönlichkeiten, Fremdheit und Sympathie/Interesse aneinander sein sollten und auch akzeptiert wurden.

Die Besonderheit in diesem Setting der Kollegialen Fallberatung liegt in der Verknüpfung mit einer lehrgangsartig organisierten Fortbildung, die sich über ein Jahr erstreckt und in der Teilnahme einer Beraterin bzw. eines Beraters, die über eine ausgewiesen größere Expertise in der Sache und über professionelle Beratungskompetenz verfügen.

2. Fallbeispiele

Die Fälle in diesem Beispiel kreisen alle um die Frage, auf welche Weise, zu welchem Zeitpunkt und mit welcher Zielrichtung ein Prozess der Qualitätsentwicklung innerhalb der jeweiligen Einrichtung eingeleitet werden kann, für den die Teilnehmenden in allen Fällen beauftragt sind. Klarheit und Ergebnisorientierung der Beauftragung war in der geschilderten Kleingruppe unterschiedlich, ebenso die Größe des zu definierenden Einstiegsprojekts und die zeitliche Perspektive der Beauftragung für die Personen. Gemeinsam ist den Vorhaben die Orientierung am EFQM-Modell, das als System die Basis der Qualifizierung darstellt und als Reflexionsfolie der praktischen Projektarbeit dient.

Für die vertretenen Projekte wurden nach einer Phase der Auftragsklärung folgende Themen gefunden: Einführung einer umfassenden Selbstbewertung und Installation des Qualitätsbeauftragten; Evaluation eines Projekts und Übernahme der Leitungsrolle als Auftakt zu einem Qualitätsprozess; Verbesserung der Schnittstellen zwischen zwei Abteilungen; sowie Erarbeitung eines Curriculums unter Einhaltung der Prinzipien umfassenden Qualitätsmanagements.

In allen Fällen bezieht sich die kollegiale Beratung sowohl auf die sachlich-fachliche Seite des EFQM-basierten Qualitätsmanagements als auch auf die personen- und rollenbezogene Seite der Funktion eines Qualitätsentwicklers. Diese beiden Seiten werden von den Teilnehmenden beim Einbringen der Fälle nicht immer voneinander getrennt, sondern – eher im Gegenteil – über die Bearbeitung der einen Seite der Medaille wird die Klärung der anderen oft erst ermöglicht. Die Klarheit der Anliegen, mit denen die Fälle eingebracht wurden, wies eine hohe Rückbezüglichkeit auf die strukturelle Klarheit der Organisationen, aus denen die Teilnehmenden kamen, und auf die Rollenklarheit ihrer Leitungen auf.

3. Konkrete Fallschilderung

Im Zentrum dieser Fallschilderung steht das Projekt, über die Durchführung einer Selbstbewertung zur Klärung der Prozesse zu gelangen. Zu dieser Vorderseite gehört auch die entsprechende Kehrseite des Falles: Im Verlauf des Prozesses müssen zwischen der Leitung als Auftraggeber und dem Qualitätsbeauftragten die Rollen gegeneinander abgegrenzt und aufeinander bezogen werden und der Qualitätsbeauftragte muss neben der Akzeptanz der Leiterin auch das Vertrauen der MitarbeiterInnen gewinnen. Diese Kehrseite ist der Fokus der Fallschilderung.

Zur **Vorgeschichte**: Der Qualitätsbeauftragte Herr A. ist altgedienter Mitarbeiter einer Bildungseinrichtung, die seit langem unter derselben Leiterin besteht. Die Leiterin ist eine starke Persönlichkeit, die schnell zu Entschlüssen kommt und diese auch direkt umsetzt. Die Trennung zwischen Führungshandeln und operativem Geschäft verwischt sich in ihrem Verhalten häufig. Aus dieser Haltung heraus ist sie zwar Motor und Energieträgerin für den Qualitätsentwicklungsprozess, trägt allerdings nicht aktiv zur Klärung der Aufgaben zwischen ihr selbst und dem Qualitätsbeauftragten bei. Bei der Schilderung des Projektfortgangs im Rahmen der Beratungsgruppen verwendet der Qualitätsbeauftragte regelmäßig eine längere Passage für die Darstellung der Leiterin und ihres Verhaltens bezüglich des Qualitätsprojekts. Im Verlauf findet der Qualitätsbeauftragte zu einer komplementären Rolle in Bezug auf die Leiterin und macht die Erfahrung, dass die Mitarbeiter und Mitarbeiterinnen ihm vertrauensvoll begegnen und ihn als Gegenpol zur impulsiven Leiterin akzeptieren. Er erlebt sich als Vehikel zum Transport kritischer Sachverhalte insbesondere aus der Perspektive der VerwaltungsmitarbeiterInnen in Richtung Leitung.

Nach dieser ersten und nicht bewusst herbeigeführten Rollenfüllung kommt es zu einer Konfliktphase zwischen Leitung und Qualitätsbeauftragtem: Die Leiterin will aus Sicht des Qualitätsbeauftragten zu schnell zu große Erfolge sehen und neigt bei Konflikten dazu, diese zu eskalieren: »Sie reißt hinten ein, was sie vorne aufbaut.« Herr A. fürchtet um den Fortgang der begonnenen Selbstbewertung und den Einbruch seiner Akzeptanz bei den MitarbeiterInnen, wenn es nicht zu einer Klärung der Leitungsrolle und der Rollenverteilung kommt. Diese Unklarheit und die Furcht der MitarbeiterInnen vor Sanktionen durch die Leitung hat bereits die Durchführung der Selbstbewertung beeinträchtigt: sie wurde – entgegen den Regeln – anonym durchgeführt. Der Druck auf den Qualitätsbeauftragten wächst aus seiner Binnenperspektive: die Erwartungen der MitarbeiterInnen an ihn als Vehikel und die Erwartungen der Leiterin, was seine Erfolge angeht, steigen gleichermaßen an. Hinzu kommt der Arbeitsdruck aus dem Veränderungsprozess selbst. Bei der Diskussion eines inhaltlich entscheidenden Schrittes der Selbstbewertung – der Konsensbildung – wird das Thema der Kollegialen Fallberatung schließlich glasklar. Aus Sicht des Qualitätsbeauftragten muss verhindert werden, dass die entschlussfreudige Leiterin »das Ruder an sich reißt«

und die Regeln der Konsensbildung unterläuft. Die Frage, unter der dies verhandelt wird, lautet: Wie kann erreicht werden, dass die Leiterin den QE-Prozess mit seinen Regeln akzeptiert und unterstützt? Zu verhandeln ist also eine Strategie, mit der der Qualitätsbeauftragte verhindert, dass die Leitung den QE-Prozess instrumentalisiert.

Der erste Analyseschritt der Kollegen in der Beratungsgruppe ergibt, dass innerhalb der Einrichtung, um die es hier geht, offensichtlich zwei gegenläufige Entwicklungskonzepte verhandelt werden: das Leitungskonzept des »einfach Machens« und das QE-Konzept der kleinen akzeptierten Schritte, die langfristig und systematisch angelegt sind. Damit trägt die Beratungsgruppe zu einer Ver«sach«lichung des Themas bei und verknüpft die Notwendigkeit der Rollenklärung mit dem Qualitätsstrategie des Qualitätsbeauftragten. Es ist damit nicht länger eine Frage der Klärung zwischen Personen, oder gar der – subjektiv so empfundenen – Unzulänglichkeit von Personen, die ansteht, sondern der strategische Aspekt des Problems wird deutlich. Indem der Zusammenhang zwischen der gewählten Qualitätsstrategie und der daraus folgenden Gestaltung der Rolle geklärt wird, gelangt der Qualitätsbeauftragte zu einer neuen Handlungsfähigkeit, weil es ihm leichter fällt, die Verantwortung für die Klärung dieses Zusammenhangs zu tragen, nachdem er es nicht mehr als persönliche Unfähigkeit empfinden muss, die ihn blockiert hat.

Der nächste Schritt im Rahmen der kollegialen Beratung bietet Herrn A. die Möglichkeit, über das Kennenlernen von zwei anderen Perspektiven die eigene Handlungsfähigkeit zu erweitern. In der Kleingruppe werden zwei verschiedene Erfahrungen zur Verfügung gestellt: zum einen der gelungene Abgrenzungsprozess zur Leitung aus der Perspektive eines anderen Qualitätsbeauftragten und die Erfahrung eines Leiters mit dem Klärungsprozess in der eigenen Einrichtung. Nach der erzählenden Schilderung dieser beiden Erfahrungen werden sie unter der Frage analysiert: Welche Anforderungen an die Gestaltung der Leitungsrolle im Qualitätsentwicklungsprozess ergeben sich? Hier werden auf der Basis der Erfahrungen in der Fallberatungsgruppe sechs Aspekte zusammengetragen: die inhaltliche Integration der Leitung, die regelmäßige Rückkopplung zwischen Leitung und Qualitätsbeauftragtem, die aktive Unterstützung des Qualitätsbeauftragten, zeitliche Ressourcen für den Qualitätsbeauftragten als konkrete Unterstützung, das Einfädeln der Ergebnisse in die Organisation und das Offenhalten des Handlungsfreiraums für den Qualitätsbeauftragten.

Herr A. hat in dieser Analysephase die Freiheit, die Sammlung der Kollegen zu verfolgen, ohne selbst aktiv zu werden. Er kann nachfra-

gen, wie aus ihrer Sicht die Anforderung »aktive Unterstützung durch die Leitung« konkret zu füllen ist. Die Kollegen kommen dieser Bitte um Konkretisierung wiederum aufgrund ihrer eigenen Praxiserfahrung nach und präzisieren, dass hier zum Beispiel die Definition von Erfolgen oder Ergebnissen und die Anerkennung von Leistungen oder erreichten Ergebnissen gemeint sein kann. Diese Konkretisierung setzte an einem sehr realen Bedarf des Kollegen an, dessen Leiterin die Verantwortung für die inhaltlichen Ergebnisse durch pragmatisches Handeln übernimmt. Er kann ihr aufgrund dieser Beratungssequenz eine konkrete Handlungsalternative anbieten: Sie übernimmt die Verantwortung für die Definition von Erfolg, er erarbeitet mit den Mitarbeitern und Mitarbeiterinnen das Ergebnis, das diese Definition umsetzt, und dann ist es wieder Aufgabe der Leiterin, dafür Anerkennung zu zollen. Eine weitere Konkretisierung erfährt Herr A. auf die Frage nach dem Einfädeln der Ergebnisse in die Organisation. Die Erfahrung des Kollegen, der selbst Qualitätsbeauftragter ist, besteht darin, dass seine Leitung die Verantwortung für das Kommunizieren eines Ergebnisses aus einem Qualitätszirkel in die Leitungsgremien übernommen hat und dort dafür sorgte, dass das erarbeitete Verfahren organisationsweit angewendet wurde. Der andere Kollege, der selbst die Leiterrolle in seiner Einrichtung innehat, ergänzt, dass eine solche Aufgabe für die jeweilige Leitung auch wiederum als eigene Aktivität erlebt werden kann – dies also der Hinweis für Herrn A., die Tendenz seiner Leiterin zum schnellen Handeln hier aufzugreifen und in eine konkrete, abgestimmte Richtung zu orientieren.

Eine weitere Nachfrage von Herrn A. bezieht sich auf einen anstehenden Workshop, den seine Leiterin – wie er befürchtet – dazu nutzen würde, ihre eigenen Ziele umzusetzen. Auch hier erarbeitet die Gruppe eine Analyse, die die Prinzipien eines Selbstbewertungsprozesses im Kontext von Total Quality Management auf die konkrete Anfrage umsetzt: Selbstbewertungsprozesse sind zum Scheitern verurteilt, wenn die MitarbeiterInnen befürchten müssen, dass sie nicht Ernst genommen werden und dass die Ergebnisse bereits vorgegeben sind. Herr A. entscheidet sich, ein »Stillhalteabkommen« mit seiner Leiterin für die Zeit des Workshops anzustreben, nicht ohne ihr vorher die Gründe für seinen Vorschlag erläutert zu haben.

Am Ende der Fallberatungsphase nimmt sich Herr A. vor, als nächsten Schritt einen festen Besprechungstermin mit seiner Leiterin einzurichten und sammelt aufgrund der von den Kollegen eingebrachten Erfahrungen die Argumente: kontinuierliche Information der Leiterin, Entwicklung einer gemeinsamen Qualitätsstrategie, Übernahme der Entwicklungsaufgabe durch den Qualitätsbeauftragten und kontinuierliche Vergewisserung zwischen beiden über die Bewertung des Entwicklungsprozesses. Sein Ziel ist es, die Leiterin ins Boot zu holen. Er gestattet sich selbst gedanklich jedoch auch, mit dieser Aufgabenklärung seine eigene Entscheidung über die weitere Übernahme der Rolle des Qualitätsbeauftragten zu verknüpfen.

In der nächsten Sitzung der Fallberatungsgruppe berichtet der Kollege, dass die Umsetzung seines Vorhabens leichter als befürchtet war. Das Stillhalteabkommen mit der Leiterin konnte geschlossen werden, die Ergebnisse des durchgeführten Workshops waren für alle Beteiligten zufriedenstellend und umfangreicher als zuvor gedacht. Durch die regelmäßigen Besprechungen zwischen Leiterin und Qualitätsbeauftragtem war Herr A. in ruhige und ertragreiche Gewässer gekommen.

4. Teamzusammensetzung

Bei der Zusammensetzung der Gruppen für die kollegiale Beratung wurde ein Set von Kriterien vorgegeben, an dem sich die Teilnehmenden orientieren sollten, wenn sie sich (es waren insgesamt 17 Personen) den vier zur Verfügung stehenden Beratern und Beraterinnen zuordnen sollten.
Die Kriterien:

- auf der sachlichen Ebene soll die Konkurrenz um Ressourcen innerhalb einer Gruppe ausgeschlossen sein und in den Gruppen soll eine möglichst große Vielfalt bezüglich der Themen, Träger und Regionen angestrebt werden;
- auf der Teilnehmerebene soll auf die Chemie und das Interesse aneinander geachtet werden und auf der Beraterebene soll eine Beziehung aus außerberuflichen Kontakten sowie eine mögliche Konkurrenz ausgeschlossen werden.

Die Verantwortung für die Gruppenbildung wurde in die Hände der Teilnehmenden gelegt, aber auch die Berater haben die Möglichkeit, auf die Einhaltung von für sie wichtigen Kriterien (aus den genannten) hinzuweisen.

Der Gruppenbildung wurde ausreichend Zeit eingeräumt, die alle Beteiligten dazu nutzten, sorgsam abzuwägen und verschiedene Konstellationen auszuprobieren und wieder aufzulösen. Hierzu wurde die Methode der Aufstellung im Raum angeboten. Innerhalb der entstandenen Kleingruppen wurden die vereinbarten Kriterien in unterschiedlichem Maße berücksichtigt. Wenn sich eine Gruppe über ein Kriterium hinwegsetzte, geschah dies ausdrücklich und bereits in der Gruppenbildungsphase. In nahezu allen Gruppen wurden die Kriterien unterschiedlich bewertet: Es entstand eine Männergruppe, eine Gruppe mit homogener Trägerschaft der Organisationen, aus denen die Teilnehmenden kamen, eine Gruppe mit Mitgliedern aus demselben Bundesland.

Das Team, das den hier ausführlicher geschilderten **Fall** beraten hat, ist durch folgende Merkmale zu charakterisieren:

- Differenz bezüglich der vertretenen Einrichtungen: Bildungseinrichtungen vor Ort, Fachhochschule und Trägerverband;
- Differenz bezüglich der Positionen der Teilnehmenden in ihren Organisationen: Wissenschaftlicher Referent, Pädagogischer Mitarbeiter, Verwaltungsleitung, Leitung;
- Differenz bezüglich der Vorkenntnisse in Qualitätsentwicklung: keine Vorkenntnisse waren genauso vertreten wie ausgeprägte theoretische Kenntnisse, differenzierte praktische Erfahrungen und durch Fortbildung untermauertes Erfahrungswissen;
- Differenz bezüglich der geographischen Lage der Einrichtungen, damit der gesetzlichen Rahmenbedingungen, mit denen gearbeitet wurde, der Größe der Einrichtungen;
- Differenz in der Klarheit der Beauftragung als QualitätsentwicklerIn in der jeweiligen Einrichtung;
- Differenz bezüglich des Alters der Teilnehmenden: ein Altersunterschied von 20 Jahren;
- Homogenität bezüglich des Geschlechts der Teilnehmenden: sie waren alle männlich – bis auf die Beraterin;
- Homogener Sympathiefaktor: die Teilnehmer gingen von einem anfangs eher distanzierten Umgang im Verlauf der Qualifizierung zu einem sehr persönlichen und für gegenseitige Kritik offenen Umgang miteinander über.

Die Rückmeldungen der Teilnehmer und die Beobachtungen der Beraterin stimmen in der Bewertung überein, dass die Kollegiale Fallarbeit in diesem Team gelungen ist und zum Erfolg der gesamten Qualifizierung wesentlich beigetragen hat. Andere Beratungsgruppen im Rahmen derselben Qualifizierung waren völlig anders zusammengesetzt und nicht weniger erfolgreich. Ein Zusammenhang zwischen Teamzusammensetzung und Erfolg der Zusammenarbeit ist aus diesen Erfahrungen nicht zwingend abzuleiten –

wohl aber einige Hypothesen bezüglich dieses Zusammenhangs: **Zum Erfolg Kollegialer Fallberatung trägt eine ausgewogene Mischung von Ähnlichkeit und Differenz bei – offen scheint zu sein, in welchen Bereichen die Ähnlichkeit und in welchen Bereichen die Differenz konstruktiv wirkt.** Wesentlich scheint auch zu sein, dass das Thema Konkurrenz in der Gruppe offen geklärt ist: Teilnehmende, die um Fördermittel konkurrieren, weil sie z.B. aus demselben Bundesland kommen, müssen einer Zusammenarbeit ausdrücklich zustimmen und bereit sein, das Thema Konkurrenz im Zweifelsfall anzusprechen.

Ein wesentlicher Erfolgsfaktor in einer Gruppe, die Kollegiale Fallberatung wie in unserem Setting mit professioneller Anleitung einübt und praktiziert, ist vermutlich die Professionalität des Beraters und seine Fähigkeit, ein Klima der konstruktiven Kritik bei gegenseitiger Wertschätzung zu gestalten. Entscheidend scheint gerade bei dieser Form zu sein, dass der Berater oder die Beraterin über eine **hohe Kompetenz bezüglich des Sachthemas der verhandelten Fälle** verfügt, weil diese es ermöglicht, die Aufmerksamkeit der Teilnehmenden auf fachliche Aspekte des Themas zu lenken oder zurück zu führen, die die einzelnen Mitglieder (im Gesamtkontext der Fortbildung, in der die Teilnehmenden gleichzeitig Lernende sind) in ihrer Bedeutung nicht umfassend einschätzen oder nicht aus der Fülle der Aspekte heraus fokussieren können.

5. Verlauf und Ergebnisse

Im Rahmen der Fortbildung wurde die Beratungsarbeit in den Kleingruppen ausgewertet. Die Rückmeldungen, die sich insbesondere auf die Phasen der kollegialen Beratung bezogen, thematisierten verschiedene Nutzenaspekte.

Eine Nutzenkategorie ergibt sich aus der kollegialen Beratung als Arbeitsweise, in der Personen mit der gleichen Aufgabe, die sie auf persönlich unterschiedliche Art und Weise angehen und in verschiedenen organisationalen Umgebungen ausüben, ohne Hierarchie miteinander beraten.

Diese Nutzenkategorie ist als **»Lernen aus der Erfahrung der Differenz«** zu beschreiben und hat mehrere Facetten. Eine dieser Facetten besteht in der Erfahrung der Differenz der Verläufe oder Prozesse: Die Arbeitsweise der Kollegialen Fallberatung ermöglicht es, tief gehenden Einblick in verschiedene Prozesse (in diesem Fall der Einführung von Qualitätsmanagement) zu bekommen. In dieser konkreten praxisnahen und sehr differenziert wahrgenommenen Differenz unterschiedlicher Verläufe wird offensichtlich gelernt. Die über einen längeren Zeitraum mögliche Differenzerfahrung ermöglicht es den Teilnehmenden, Distanz zu den eigenen Kollegen, der eigenen Einrichtung und der eigenen Leitung herzustellen; diese Distanz schärft die Wahrnehmung für die eigenen Handlungsmöglichkeiten.

Ein anderer Nutzenaspekt wird mit dem Stichwort »**Perspektivwechsel**« benannt. In der kollegialen Beratung wird erprobt und geübt, was eine Schlüsselkompetenz für Beratung generell ist: die Fähigkeit, aus der eigenen Perspektive herauszugehen, die Perspektive eines Gegenübers einzunehmen und aus der Wahrnehmung und bewussten Erfahrung des Unterschieds zwischen beiden Perspektiven das eigene Handeln und das gemeinsame Ergebnis zu verbessern. Im Format der Kollegialen Fallberatung ermöglicht der Perspektivwechsel zugleich, sich selbst und das eigene Handeln aus der Perspektive der Kolleginnen und Kollegen zu sehen, den fremden Blick auf sich selbst zu werfen und damit aus eigener Kraft zu anderen Verhaltensentscheidungen zu gelangen.

Ein dritter Nutzen ist der **Beitrag der kollegialen Beratung zur Rollenklärung der Teilnehmenden**. Kollegiale Beratung wird von den Teilnehmenden als Lernform betrachtet und genutzt, die eine in der Theorie und im intellektuellen Verständnis klare Rolle »praxistauglich« werden lässt. Damit eröffnet die kollegiale Beratung den schwierigen Lernschritt über das rationale Verstehen und Verarbeiten hinaus in die Übernahme einer neuen Rolle auf der konkreten Ebene des Selbstverständnisses und des Verhaltens. Ein Teilnehmer beschreibt, dass diese Wirkung darin besteht, das »eigene Steckenpferd« zurückzuhalten, also das alte Muster nicht ungebremst weiter zu entfalten, sondern über die Beratung der Kollegen zu einem positiven Abstand zum eigenen Verhalten zu gelangen.

Ein weiterer Aspekt des Lernens aus der Differenzerfahrung der Teilnehmenden besteht darin, dass nicht nur eigene blinde Flecken erkannt werden, sondern dass individuell als Fehler Erlebtes auch bei anderen Teilnehmenden zu finden ist, dadurch zu etwas Allgemeinem und Typischem wird. Über die persönliche Entlastung hinaus trägt dieser Effekt dazu bei, solche Fehler nicht zur Lernblockade werden zu lassen. Aus dieser blockadelösenden Wirkung der kollegialen Beratung entsteht ein hoher Nutzen für die gesamte Fortbildung, in die sie eingebunden ist.

Eine zweite Nutzenkategorie hat unmittelbar mit dem Thema Qualitätsentwicklung zu tun, das in dem hier geschilderten Setting den roten Faden der einzelnen Fälle darstellt. Für diese Kategorie sollen hier nur wenige Stichworte genannt werden, da sie hier nicht der Fokus ist: Beitrag zur Auftragsklärung, Unterschiedlichkeit der möglichen Zugänge zu Qualitätsentwicklung, Fehlerkultur, Funktionen und notwendige Ergebnisorientierung der Rolle Qualitätsentwickler etc. Diese Ebene des Nutzens wird immer dann relevant, wenn Kollegiale Fallberatung im Rahmen einer Qualifizierungsmaßnahme wahrgenommen wird und bezieht sich dann auf das Thema der Fortbildung.

6. Tipps und Erfahrungen

Die Tipps und Erfahrungen auf der Basis der dargestellten Praxis beziehen sich auf drei Aspekte:

- die Gruppen- oder Teambildung,
- die Verknüpfung zwischen Kollegialer Fallberatung und Qualifizierung und
- die Variation »Kollegiale Fallberatung mit professionellem Berater«.

Zur **Teambildung**: Es kann empfohlen werden, auf die Kombination von wenigen vereinbarten Kriterien mit dem Element der Selbstorganisation zu vertrauen. Der Umgang mit den Kriterien kann sogar ein »weicher« sein, d.h. im Konsens aller Beteiligten können die Kriterien unterschiedlich gewichtet werden. Das Prinzip der Selbstorganisation bewirkt in Gruppen, dass in aller Regel die beteiligten Personen intuitiv die Energien derjenigen Kollegen und Kolleginnen aufnehmen, mit denen sie »etwas zu tun« haben wollen. Besteht dieses Interesse aneinander, kommt es auch zu einem intensiven Austausch, der die Voraussetzung für Vielfalt in den Wahlmöglichkeiten ist, die man sich im Beratungsprozess damit gegenseitig zur Verfügung stellt, und zu einer größtmöglichen Bereitschaft, die eigenen Deutungs- und Handlungsmuster zu verlassen und neue auszuprobieren.

Die **Kollegiale Fallberatung hat sich als ein wirkungsvolles Verfahren erwiesen, das im Rahmen von Qualifizierungen den Transfer in die eigenen Praxis unterstützt** und zugleich die eigenen Handlungsmuster erweitert. Somit unterstützt Kollegiale Fallberatung das Erproben neuer Verhaltensweisen und die Reflexion der eigenen Haltung und trägt damit zu einem wesentlichen Ziel moderner Personalentwicklung bei, die Mitarbeiter und Mitarbeiterinnen dabei unterstützen will, ihre Organisation zu einer lernenden Organisation zu gestalten. Sinnvoll ist dieses Verfahren insbesondere dann, wenn die qualifizierenden Anteile der Maßnahme betriebsübergreifend organisiert sind und ein geeignetes Format gesucht wird, um die Veränderung/Verbesserung der konkreten Praxis zu sichern.

Die **Verbindung von Kollegialer Fallberatung mit dem Element professioneller Beratung** ist als eine Form der Qualitätssicherung zu verstehen: die professionelle Beraterin oder der Berater übernimmt die Funktion, die Reflexion der Praxiserfahrung mit den Anforderungen des Themas der Qualifizierung zu verknüpfen und damit »Fehlinterpretationen« zu reduzieren oder blinde Stellen in der Reflexion zu beleuchten. Zugleich trägt er dazu bei, das Verfahren der Kollegialen Fallberatung zu erlernen und für die Phase nach der organisierten Qualifizierung damit ein Instrument zur Verfügung zu stellen, das die Teilnehmenden selbstorganisiert und fallbezogen anwenden können.

Anmerkung

1 Zur genaueren Darstellung des Qualifizierungsansatzes: Heinold-Krug, Eva: Fortbildung und Beratung als integriertes Qualifizierungskonzept. In: Literatur- und Forschungsreport Weiterbildung Nr. 46, 2000 (hrsg. v. Klaus Meisel), 145-154.

Boris Billing

Kollegiale Fallberatung als didaktisches Verfahren in Seminaren für Führungskräfte und Manager

Unterstützung der Praxis- und Transferorientierung

1. EINLEITUNG

Die Kollegiale Fallberatung wird häufig als ein Beratungsansatz dargestellt und in diesem Sinne als methodisches Werkzeug verstanden, Menschen bei der Bewältigung komplexer Problemsituationen zu unterstützen. Dies ist vor dem Hintergrund der Entstehungsgeschichte der Kollegialen Fallberatung auch nachvollziehbar, wenn man berücksichtigt, dass die Ursprünge des Konzepts aus dem konzeptionellen Bereich der Supervision stammen (vgl. Galler/Kopp/Vonesch 2001).

Weniger in der Literatur und häufiger in der organisationalen Praxis finden sich aber Ausprägungen der Kollegialen Fallberatung im Kontext des organisierten Lehrens und Lernens. In Seminarveranstaltungen, Workshops oder kollegialem Erfahrungsaustausch dient das Konzept der Reflexion eigenen Handelns in Bezug zu den neu gelernten Wissensdimensionen. Die Kollegiale Fallberatung ist in diesem Zusammenhang im Kontrast zu eher normativ ausgerichteten Weiterbildungsveranstaltungen **als Konzept subjekt- und handlungsorientierter sowie praxisnaher Bildung oder Qualifikation beschrieben** (vgl. LSW 1987). Clemens Heidack diskutiert die Kollegiale Fallberatung als Instrument des Lehrens und Lernens in seinen Überlegungen verschiedener Verfahrensweisen und **Konzepte kooperativer Selbstqualifikation in Unternehmen** (vgl. Heidack 1993). Ein weiterer Aspekt ist in der **transferunterstützenden Wirkung der Kollegialen Fallberatung** zu sehen.

Mir geht es in diesem Beitrag darum, die Kollegiale Fallberatung – neben der scheinbaren Dominanz des Konzeptes für Beratungskonstellationen – **als methodisches Werkzeug im Dienste intentionalen und organisierten Lernens insbesondere in Seminarveranstaltungen für Führungskräfte und Manager zu diskutieren**. Ich mache dies vor dem Hintergrund meiner eigenen persönlichen Seminarpraxis der letzten Jahre und der damit verbundenen Tätigkeit für verschiedene Organisationen und Unternehmungen aus Industrie, Dienstleistung und Handel. Ziel ist es, einen Einblick in praxisbezogene und transferorientierte Seminarpraxis zu bieten, die sich sowohl an dem normativ ausgerichteten Konzept der Wissensvermittlung orientiert und gleichermaßen subjekt- und handlungsorientierte Ziele verfolgt. Die Ausführungen geben neben einer kurzen grundsätzlichen Einführung der Kollegialen Fallberatung als didaktisches Verfahren einen wesentlichen Einblick in exemplarische Anwendungsfelder. Im Fokus steht dabei die **Einbindung der Kollegialen Fallberatung in einem Seminar für Manager mit dem Thema Change Management und einer Seminarreihe für Inhouse Consultants zur Vorbereitung auf die beruflichen Aufgaben und Anforderungen**, wie wir sie im Management Zentrum St. Gallen seit einiger Zeit durchführen.

2. KOLLEGIALE FALLBERATUNG ALS DIDAKTISCHES VERFAHREN

Seminare für Führungskräfte und Manager mit der grundsätzlichen Zielsetzung, Managementkompetenz zu erhöhen, versuchen im Kern – wenn sie gut konzipiert sind und in angemessener Form durchgeführt werden – zwei konkrete Ziele zu verfolgen.

- **Im Sinne kognitiver Lernziele steht die Vermittlung notwendigen und hilfreichen Wissens** im Vordergrund. Tiefere Einblicke in Sachverhalte und der Zuwachs an Kenntnissen sollen helfen, komplexere Zusammenhänge besser zu verstehen bzw. neu einzuschätzen, um dadurch eine höhere Wirksamkeit des Handelns zu ermöglichen. Damit unterstützen derartige Ziele auf der analytischen Ebene die erfolgreiche Bewältigung zukünftiger Management- und Führungsaufgaben.
- Andererseits fokussieren Seminare die angesprochene Zielgruppe immer stärker auf **die Zielsetzung, die Menschen zu befähigen, dieses neue Wissen auch wirklich in die Praxis umzusetzen und die unmittelbare Handlungskompetenz der teilnehmenden Personen zu stärken**. So verstandene Seminare verfolgen damit **stärker affektiv orientierte Lernziele**, die das konkrete Handeln der Personen in konkreten Situationen entscheidend in den Mittelpunkt rücken. Diese Fokussierung basiert i.d.R. auf der Kenntnis, dass vielen Menschen Sachverhalte in kognitiver Hinsicht zwar einleuchtend und plausibel erscheinen, die Umsetzung in unmittelbares Handeln aber nicht immer oder nur sehr schwierig gelingt. Das ist nichts grundsätzlich Neues und wird in einer Vielzahl von Seminaren mit sehr unterschiedlicher Akzentuierung erfolgreich angewandt. Klassische didaktische Verfahrensweisen hierfür sind die verschiedensten Formen von Rollenspielen (vgl. Schal-

ler 2001), unterschiedliche Coachingformen, Fallstudien und Planspiele oder Business-Simulations. Zu differenzieren sind Seminare dabei hinsichtlich erkenntnis- oder trainingsorientierter Ausrichtung. Gemeinsam ist derartigen Konzepten, dass sie **i.d.R. auf konstruierten Fällen bzw. Cases oder aber sehr laborhaften Situationen basieren**.

Was häufig problematisch an diesen Verfahrensweisen ist, zeigt sich immer wieder in dem Resümee von Teilnehmern nach einem Seminar. Der **fehlende Praxisbezug oder geringe Transfermöglichkeiten der Fallarbeiten in den beruflichen Alltag** erfahren oft kritische Anmerkung. Bei aller Wertschätzung hinsichtlich der sinnvollen Einbindung dieser Verfahren in Seminaren scheint die notwendige Reduktion der Komplexität für eine simulierte bzw. konstruierte Situation ein kritischer Faktor zu sein. Zumindest stellt sich dies häufig für die Teilnehmer in Seminaren in dieser Weise dar.

Die Kollegiale Fallberatung als Verfahrensweise bzw. methodisches Instrument ermöglicht genau an dieser Stelle eine integrierte Möglichkeit, diese verschiedenen Lernansprüche sinnvoll und angemessen miteinander in Beziehung zu setzen.

- Sie **unterstützt die Reflexion eigener als schwierig erlebter Situationen aus dem beruflichen Alltag im Kontext neu erworbenen Wissens**.
- Sie stellt durch die Arbeit an den realen und konkreten Fällen Lösungsideen zur Verfügung, die aus der Praxis für die Praxis entwickelt werden.
- Sie folgt dem Primat des organisiertes Lernen für Führungskräfte und Manager, das nicht nur Vermittlung von Wissen, Methoden, Tools oder Verfahren sein kann, sondern gleichermaßen **kompetente Praxisbewältigung** ermöglicht.
- Sie stellt dem Defizitdenken des Nichtwissens ein **entsprechendes Kompetenzdenken** gegenübergestellt. Das Konzept geht davon aus, dass Teilnehmer der Seminare über vielfältige Kompetenzen verfügen, mit denen sie ihre spezifischen Situationen im Alltag bewältigen. Lernen bedeutet Reflexion des Handelns in diesen spezifischen Situationen im Kontext weiterführender Kenntnisse und gemachter Erfahrungen. Genau dieses ermöglicht das Konzept innerhalb intentionaler und organisierter Lernprozesse.

In Anlehnung an die Ausführung Wacks (LSW 1987) zu Konzeptionen subjekt- und situationsorientierter Weiterbildung lassen sich für die Einbindung der Kollegialen Fallberatung in Seminaren für Führungskräfte und Manager nachfolgende Regulative und grundsätzliche Rahmenbedingungen beschreiben:

- **Erfahrungszentrierung** meint, die konkreten Erfahrungen der Teilnehmer ernst zu nehmen und in Seminaren direkt aufzugreifen. Die erlebten Erfahrungen werden zum Gegenstand der Reflexion und sind Ausgangspunkt von weiterem Lernen. Neue Handlungsperspektiven werden erarbeitet und vorhandene Kompetenzen vertieft.
- **Persönlichkeitsorientierung** trägt der Auffassung Rechnung, dass Lernen nicht nur in kognitiven Dimensionen stattfindet. Im Mittelpunkt steht der ganze Mensch als Bestandteil eines Systems, in welches er verwickelt ist und in dem er verschiedene Spannungssituationen erlebt. Lernen bedeutet Auseinandersetzung mit sich selbst, mit seinem Handeln in komplexen Systemen und mit der Einschätzung, die andere zu diesem Handeln äußern.
- **Reale Fälle und Situationsorientierung** verweist darauf, dass Lernanlässe weitgehend auf Erfahrungen in spezifischen Situationen basieren. Neue Kompetenzen sollen helfen, zukünftige Situationen erfolgreicher zu bewältigen. Erst die Orientierung an erlebten Situationen und die kritische gemeinsame Betrachtung dessen ermöglicht durch verschiedenartige Interpretationen der Beteiligten die Entwicklung neuer Handlungsalternativen, die auch wirklich für den beruflichen Alltag hilfreich sind.
- **Problemorientierung** lenkt die Aufmerksamkeit nochmals auf die tatsächliche Praxis der teilnehmenden Führungskräfte und Manager. Nicht irgendwelche konstruierten Situationen bilden die Basis der Auseinandersetzung – seien sie auch noch so gut. Vielmehr stehen die konkreten Schwierigkeiten, Stolpersteine und Probleme der Teilnehmer im Mittelpunkt. Nicht nur Expertenwissen steht im Vordergrund, sondern der Versuch, Probleme dadurch zu bewältigen, das eigene Handeln zu hinterfragen, neu zu verstehen und angereichert mit hilfreichem Wissen neu zu gestalten.
- **Kollegialität** ist die Voraussetzung für die Durchführung solch verstandener Seminare bzw. Seminarbausteine. Es geht um gegenseitige Unterstützung bei der Lösung komplexer Anforderungen durch von der gleichen Praxis betroffene Kolleginnen und Kollegen.

Mit diesen Regulativen sind die Kernpunkte eines praxisbezogenen und transferorientierten Arbeitens in Seminaren beschrieben. Wichtig ist zu betonen, dass **diese beschriebene Form des Lernens dadurch seinen besonderen Stellenwert bekommt, dass es sich mit normativ ausgerichteten Bausteinen im Seminar verbindet. Kollegiale Fallberatung ist somit Beratung und Lernen im intendierten Sinn**. Der Vorteil gegenüber den eher trainingsorientierten Verfahren, wie Rollenspiele oder verschiedenste Simulationen, liegt **in der ganzheitlichen Betrachtung realer Situationen der Teilnehmer**, die

- neben den **persönlichen Belangen** v.a.
- die **Systembedingungen** mit berücksichtigt.

3. EINSATZ DER KOLLEGIALEN FALLBERATUNG IN SEMINAREN

3.1 Didaktische Einbindung in Seminaren

In unserer Seminarpraxis am Management Zentrum St. Gallen wenden wir die Kollegiale Fallberatung häufig bei Themen an, die sich mit **Führungskompetenzen** befassen. Aufbauend auf unseren Basiskonzepten der Systemwissenschaften und der Kybernetik und dem daraus entwickelten Konzept systemorientierten Managements steht dabei – je nach thematischen Schwerpunkt – sowohl die Vermittlung hilfreichen Wissens als auch die Reflexion des persönlichen beruflichen Handelns im Mittelpunkt des Seminargeschehens. Die Kollegiale Fallberatung kommt häufig den eben beschriebenen Grundsätzen folgend an den Stellen zum Einsatz, **wo zuvor erarbeitetes bzw. dargebotenes normatives Wissen in Beziehung gesetzt wird zu den ganz konkreten Belangen und Themen der teilnehmenden Führungskräfte** und Manager.

Insoweit nutzen wir die Kollegiale Fallberatung in zwei verschiedenen Aspekten:

- Zum einen ist sie **Diagnose-Instrument**, in dem wir tatsächliche persönliche Problemstellungen der Teilnehmer anhand neuer Erkenntnisse neu bewerten und reflektieren.
- Zum anderen ist die Kollegiale Fallberatung ein Verfahren, um unter Zuhilfenahme neuen Wissens hinsichtlich der diagnostizierten Themen **gemeinsam mit Kollegen alternative und neue Interventionen** zu planen.

Dramaturgisch betrachtet ist die Kollegiale Fallberatung damit dort hilfreich, wo eine Phase eher kognitiven Lernens vorgeschaltet ist. Sie ermöglicht an diesen Stellen neben dem kollegialen Beratungsansatz dann auch Praxis- und Transferorientierung der Lerngegenstände.

Zum **Beispiel** *findet die Kollegiale Fallberatung in unseren dreitägigen Seminaren bspw. in der Mitte des Lernprozesses statt. Die Teilnehmer haben bis dahin vielfältige und differenzierte Inhalte bearbeitet, eigene Erfahrungen eingebracht und diskutiert. Die Hinwendung zu den ganz konkreten persönlichen Themen der Teilnehmer führt dann zu den eben beschriebenen Effekten.*

Nachfolgend werden zwei exemplarische Beispiele für die Arbeit mit der Kollegialen Fallberatung beschrieben. Einmal handelt es sich um ein Seminar für Manager mit dem Thema Change Management. Das zweite Beispiel umschreibt Teile der Arbeit in einem Qualifizierungsprogramm für Inhouse-Consultants, wie wir es u.a. bei der BMW Group in Deutschland durchführen.

3.2 Beispiele aus der Seminarpraxis

Ein Schwerpunktthema unserer Arbeit im Management Zentrum St. Gallen ist ein Seminarangebot für Manager, die ihre Führungsverantwortung in Veränderungsprozessen wahrnehmen und als Manager Treiber und Motor der Veränderungen sind.

Neben anderen Unternehmen bieten wir zum **Beispiel** *für die Deutsche Bahn AG in Kooperation mit dem internen Bildungsanbieter DB Bildung eine Seminar mit dem Titel »Führen in Veränderungsprozessen« an. Das Seminar richtet sich an die oberen Führungskräfte im Unternehmen und verfolgt die Zielsetzung, Veränderungen und Entwicklungsprozesse professionell einleiten und begleiten zu können. Hierfür notwendiges Wissen soll den Managern helfen, ihre persönliche Handlungskompetenzen auszuweiten und im Dienste definierter Unternehmensziele zu nutzen.*

Inhalte dieser Seminare sind:

- Philosophie des Wandels und die Rolle der Führungskraft bei Auslösung und Umsetzung von Veränderungs- und Entwicklungsprozessen

- Die sieben Phasen der Veränderungskurve und zielgerichtetes Verhalten
- Planung und Steuerung von Veränderungsprozessen, Architektur und Gestaltung
- Diagnose und Intervention, Kräftefeldmanagement
- Umgang mit Widerstand, Veränderungstypen – Umgang mit verschiedenen Persönlichkeiten
- Implementierung und kulturelle Verankerung von Veränderung im Unternehmen

Methodisch ist das Seminar derart strukturiert, dass **am ersten Tag** ausgehend von den Erfahrungen der Teilnehmer in Veränderungsprozessen basale Aspekte des Change Management bearbeitet werden. Thematisch geht es dabei um Grundformen des Wandels, typische Muster und Phasen sowie Grundfragen der Architektur von Changeprojekten. **Am zweiten Tag** steht die konkrete Planung und Steuerung in Veränderungsprojekten im Zentrum. Die Kollegiale Fallberatung nimmt in diesem Zusammenhang einen breiten Stellenwert ein und verbindet die erarbeiteten Inhalte reflexiv mit den unmittelbaren Erfahrungen der Führungskräfte. Thematische Einbindung erfährt das Konzept als Diagnose und Interventionsinstrument, wie es auch in Change-Projekten immer wieder nutzbar eingesetzt werden kann. Insofern wird **die Kollegiale Fallberatung als Tool eingeführt, in einem strukturierten Rahmen eine »Vogelperspektive« bezüglich eigener Projekte einzunehmen, Prozesse erneut zu hinterfragen und durch neue Interventionen voranzutreiben**. Change Manager müssen das in ihrem Vorgehen auch immer wieder tun: Sie müssen aus dem Prozess heraustreten können, aufbauend auf einer Diagnose zu neuen Hypothesen gelangen und basierend darauf alternative Interventionen planen. Mit diesen neuen Erkenntnissen gehen sie zurück in das Change-Projekt. Genau dieses Vorgehen ermöglicht auch die Kollegiale Fallberatung. Insofern nutzen wir die Kollegiale Fallberatung als Tool bzw. Instrument, das die Zielgruppe selber erfolgreich in der Praxis von Change einsetzen kann und gleichermaßen als Lerninstrument im Seminar, eigene Fälle und Erlebnisse in Beziehung zu den Seminarthemen zu setzen.

Das Vorgehensmodell im Seminar sieht konkret so aus:

- Jeder Teilnehmer erstellt hinsichtlich eines persönlichen Falles ein Project Map (s.u. Klaus Galler: Kollegiale Fallberatung als Instrument des organisationalen Lernens in einer Beraterorganisation), in dem die persönliche Situation unter definierten Gesichtspunkten beschrieben wird.

- Die Gesamtgruppe wird in Teilgruppen zu etwa sieben Personen aufgeteilt.
- In den Gruppen wird nach einer kurzen gegenseitigen Präsentation der Fälle entschieden, an welchem Fall zuerst gearbeitet wird.
- Die Rollen für den Arbeitsprozess werden definiert (Moderator, Berater, Prozessbeobachter).

Das Verlaufsmuster der Kollegialen Fallberatung ist in Abbildung 41 dargestellt.

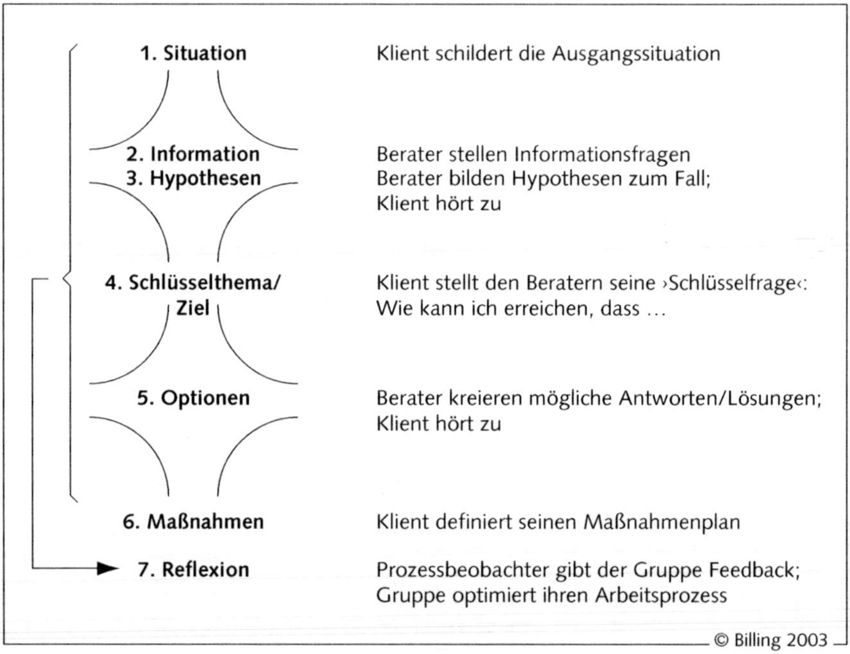

Abb. 41: Ablauf Kollegiale Fallberatung

Im Ergebnis stellt die Kollegiale Fallberatung für die Lernenden oftmals ein wesentliches und wichtiges Element des gesamten Seminars dar. Die Führungskräfte lernen häufig alleine schon durch die differenzierte, in Phasen untergliederte Darstellung der eigenen Fälle und der noch unmittelbaren Präsenz der bis dahin erarbeiteten Inhalte neue Perspektiven kennen, die sie zu neuen Handlungsideen führen. **So weisen neue Einsichten hinsichtlich der grundsätzlichen Architektur von Change-Projekten an dieser Stel-**

le bspw. auf einen unvollständigen Planungsprozess des eigenen Projektes hin, der vielleicht sogar die wesentlichen Stakeholder und deren konkrete Ansprüche nicht berücksichtigt hat. Damit erklärt sich dann ein erlebter aber bis dahin nicht nachvollziehbarer Widerstand. Wichtig für das Lernen ist aus Sicht der Teilnehmer der Zwang zur differenzierten Betrachtung des eigenen Falles und den vielen Fragen der beratenden Kollegen zu Beginn der Arbeitsphase.

Das **Zuhören in der Phase der Hypothesenbildung** fällt oft schwer, ermöglicht aber zusätzlich neue Eindrücke. Dies insbesondere deswegen, weil die Kollegen ohne die unmittelbare Verwicklung in den Fall assoziationsartig zu sehr unterschiedlichen Ansichten bzw. Interpretationen gelangen. Letztlich sind sie unbefangener als der Fallbringer selbst und können mit mehr Distanz den geschilderten Fall auch vor dem Hintergrund der neuen Erkenntnisse reflektieren. Gleichermaßen bringen sie ihre Empfindungen, Eindrücke und Vermutungen zum Ausdruck und stellen breite bzw. neue Sichtweisen zur Verfügung.

Die Zieldefinition des Fallbringers fokussiert den Interventionsrahmen neu. Interessanterweise entdecken wir hier häufig, dass die an dieser Stelle vorgenommene Definition von der eingangs eingebrachten Thematik abweicht. Die bis hierhin anhaltende Diagnosephase führt zu einer Neubewertung der Situation. Neues Wissen ist eingeflossen und integriert sich mit den grundsätzlichen Vorzügen des Konzeptes, auch die eigenen Anteile des persönlichen Handelns zu berücksichtigen. Für die Manager und Führungskräfte ist das oft die schwierigste Phase im gesamten Arbeitsprozess. Das Ziel darf nicht zu weit gefasst sein und muss v.a. beeinflussbare Größen des Prozesses durch eigenes Handeln beinhalten. Gerade, wenn Führungskräfte sich in ihren Fällen stark als Opfer der Taten von anderen definieren, ist es schwierig, den Spieß umzudrehen und sich selbst als Akteur des Handelns zu begreifen. Der Moderator des Prozesses und der beobachtende Referent sind hier häufig als Helfer gefragt, wohl formulierte Ziele zu finden.

In der Phase der Lösungsentwicklung geht es dann um kreative Ideenentwicklung. Dies ist umso einfacher, je klarer das Ziel zuvor definiert ist. Hier wird oftmals wieder auf im Seminar bearbeitete Themen zurückgegriffen. Die Entscheidung für konkrete Maßnahmen obliegt dann wieder der Verantwortung des Fallbringers. Wichtig ist zum Abschluss der KFB, dass ganz konkrete Maßnahmen beschrieben werden.

Je nachdem wie viel Zeit insgesamt zur Verfügung steht, führen wir mehrere Durchgänge einer Kollegialen Fallberatung durch. Unabhängig davon gestalten wir den Abschluss der Arbeit an konkreten Fällen in besonderer Form durch ein so genanntes »Lessons learned«. Aufgabe der Kollegialen Fallberatung-Gruppen ist es, nach der Arbeit an den Fällen die wesentlichsten Erkenntnisse und Ergebnisse in Bezug zum Thema »Steuern in Change-Projekten« zusammen zu fassen. Insoweit werden die Teilnehmer nochmals angehalten, ihre Arbeit in Bezug zu den Seminarthemen zu abstrahieren und gleichzeitig für andere Themen nutzbar zu machen.

Dieses **Beispiel** *stammt aus der Seminarpraxis, wie wir sie aktuell bei der Deutschen Bahn AG erleben und gestalten. Die konzeptionellen Wurzeln haben aber eine lange Tradition unserer Arbeit in Seminaren dieser Art. Ähnliche Seminare führen wir bei einer Vielzahl von namhaften Unternehmen, wie Daimler/Chrysler oder Sony durch. Auch in unseren offen ausgeschriebenen Seminaren nutzen wir diese Vorgehensweise.*

In einem etwas erweiterten Kontext nutzen wir die Kollegiale Fallberatung bspw. bei der Ausbildung bzw. Begleitung von Inhouse Consultants bei der BMW Group. Unsere Konzeption sieht hier ein Seminarprogramm mit vier Modulen vor. Die Kollegiale Fallberatung ist in diesem Programm ebenfalls ein wichtiger Bestandteil. Neben der didaktischen Einbindung, wie sie oben für ein Seminar mit Führungskräften und Managern beschrieben ist, wollen wir bei dieser Zielgruppe zusätzlich dafür sorgen, das Konzept häufiger in der täglichen Praxis der Berater zu nutzen. Insofern nimmt die Kollegiale Fallberatung hier ein besonderen Platz im letzten Modul ein, wo die Reflexion der persönlichen Projektarbeit einen zentralen Stellenwert einnimmt. Hier arbeiten wir über einen längeren Zeitraum (bis zu 1,5 Tagen) mit der KFB, arbeiten verschiedene Projektkonstellationen auf und versuchen gleichermaßen, für Ansätze einer intern zu nutzenden Vernetzung der Berater zu sorgen. Die Berater, die in der Praxis oftmals alleine in Projekten arbeiten, entdecken hier eine neue Plattform kollegialen Austausches und organisierten Lernens, die sie auch in ihrer eigenen Organisation mit sehr einfachen Mitteln und Ressourcen umsetzen können. Entsprechend arbeiten wir bei dieser Zielgruppe einmal an dem eher didaktisch orientierten Ziel der Verbindung normativer Seminarinhalte und persönlicher Themen der Teilnehmer, und zum anderen an der Befähigung der Inhouse Consultants, dieses Konzept als Tool auch selber einzusetzen. Dies wird auch entsprechend reflektiert.

4. Zusammenfassung und Fazit

Ich habe den Fokus des Beitrages auf den Einsatz der Kollegialen Fallberatung in organisierten und intentionalen Lernprozessen gelegt. **Dem liegt meine These zugrunde, dass die Kollegiale Fallberatung neben der Beratungsidee einer konkreten und schnellen Hilfe zur Bewältigung komplexer Probleme hervorragend zur problemorientierten Wissensintegration in Lernsituationen eignet.** Sie unterstützt die Reflexion des eigenen Handelns und verbindet die darin gewonnenen Erfahrungen mit eher normativ ausgerichtetem neuen Wissen, d.h. den definierten Lerngegenständen in Seminaren.

Einen wesentlichen Beitrag leistet die Kollegiale Fallberatung bei der Diagnose erlebter Situationen. Die Perspektiven der Kollegen im Seminar und der Einfluss neuer Erkenntnisse führen zu neuen Urteilen und Interpretationen. Gleichermaßen werden damit auch die Aspekte des Gesamtsystems des skizzierten Falles berücksichtigt. Erst vor diesem Hintergrund können neue Interventionen zielgerichtet geplant werden.

Die Vorteile für die Seminarpraxis liegen somit in einer praxisorientierten und transfersichernden Konzeption des Vorgehens. Wichtig ist dabei, dass die Teilnehmer an echten und wirklichen Fällen arbeiten und keine Replik der Vergangenheit initiieren. Seminare erhalten mit diesem Vorgehen darüber hinaus dramaturgische Auflockerung durch stark interaktiv geprägte Teile.

Ein weiterer Vorteil eines solchen Vorgehens liegt gerade bei Inhouse-Seminaren in der entstehenden Vernetzung der Teilnehmer untereinander. Sie lernen die anderen mit ihren Problemen oder Schwierigkeiten kennen, entdecken oft, dass es anderen wie ihnen selbst geht und über ähnliche Erfahrungen verfügen. Das Prinzip der Kollegialität bietet in diesem Erfahrungsfeld die Chance, andere auch nach dem Seminar anzusprechen und kollegialen und problemorientierten Austausch zu fördern. Eine Erfahrung, die ich selbst während der Abfassung des Artikels erlebt habe, als eine teilnehmende Managerin sich mit Kollegen in diesem Sinne vernetzt hat.

Literatur:

GALLER, K./KOPP, R./VONESCH, L. (2001) Kollegiale Fallberatung in der organisationalen Praxis. In: Personal 2001, H. 2, 90-96

HEIDACK, C. (1993) Lernen der Zukunft. München

LSW Landesinstitut für Schule und Weiterbildung (Hg.) (1987) Praxis gemeinsam bewältigen. Soest

MUTZECK, W. (1992) Kooperative Beratung: Weinheim u.a.

SCHALLER, R. (2001) Das Grosse Rollenspielbuch. Weinheim u.a.

Klaus Galler

Kollegiale Fallberatung als Instrument des organisationalen Lernens in einer Beraterorganisation

Die Beratungsfirma als Wissens- und Lernorganisation

Beraterfirmen sind Wissensorganisationen. Sie leben davon, Wissen zu generieren, zu organisieren, zu moderieren und weiterzugeben. Berater und Beraterinnen werden dafür bezahlt, dass sie ihr Fach- und Prozesswissen in Resultate für den Kunden transformieren. Beratung ist die Unterstützung von höchst komplexen Problemlösungsprozessen beim Kunden. Erbringt der Berater diese Leistung nicht mehr, hat er seine Legitimation, sein Mandat und höchstwahrscheinlich auch seinen Job verloren.

Problemlösung und Lernen sind beim Berater untrennbar verbunden. So viel Wissen er in einen Beratungsprozess hineingibt, so viel generiert er auch wieder. Tatsächlich geschehen die meisten Lernprozesse in der Beratung im Projekt und *am* Projekt. Kein Kunde ist wie der andere, keine Situation war schon einmal da – und doch gibt es Muster, die erkannt, in der Erinnerung gespeichert und bei Bedarf abgerufen werden können. In anderen Worten: **Beratung kann gelernt werden und die Kompetenz des Beraters steigt mit jedem bearbeiteten »Fall« – sofern es gelingt, eben diesen Fall für andere Fälle, die eigenen und die von Kollegen, nutzbar zu machen.** Für die Kompetenz der Gesamtorganisation ist es entscheidend, wieweit sie es schafft, Lernprozesse zu etablieren, in denen *in*, d.h. während Projekten, aber auch *an*, d.h. nach dem Projekt, Wissen und Erfahrungen ausgetauscht werden können.

Das Management Zentrum St. Gallen als wissensbasierte Organisation mit über 150 Management Consultants und Educators ist natürlich auf entsprechende Lernstrukturen angewiesen. Für Neueintretende gibt es eine vierwöchige Basisausbildung, bei der die grundlegenden Konzepte, Modelle und Werkzeuge des Organisationsberaters vermittelt werden. Hier steht aber noch nicht das Lernen der Teilnehmenden *voneinander* im Vordergrund.

Dies ist in den **jährlich wiederkehrenden Weiterbildungswochen der Fall**. Diese fördern die Entwicklung:

- erstens durch Schärfung der eigenen Basiskonzepte,
- zweitens durch »Lernen von außen« (z.B. durch Sessions mit Frederic Vester oder Stafford Beer) und

- drittens durch »Lernen von innen«, d.h. Lernen voneinander und gemeinsames Arbeiten an der Entwicklung der eigenen Organisation.

Hierzu werden verschiedene Methoden verwendet, unter anderem die **Team-Syntegration**, eine auf kybernetischen Grundsätzen basierende Methode der Problembearbeitung für Gruppen mit bis zu 32 Teilnehmern – und eben die Kollegiale Fallberatung.

Ein Instrument der Berater-Weiterbildung

In einer der Weiterbildungen des Management Zentrums St. Gallen wurde die Kollegiale Fallberatung an einem Tag mit insgesamt 80 Consultants erfolgreich durchgeführt und hat sich dabei hervorragend bewährt.

Sie erfüllt als Methode mehrere zentrale Anforderungen, die an ein Instrument des organisationalen Lernens in einer Beraterorganisation gestellt werden müssen.

- Sie ist in hohem Masse aktivierend und interaktiv, alle Teilnehmer sind wirklich beteiligt und müssen sich und ihr Wissen in einer ihrer jeweiligen Rolle entsprechenden Form einbringen.
- Es wird nicht an konstruierten »Cases« gearbeitet, die mit ihrem Musterlösungen meist weit von der Realität entfernt sind, sondern an realen, hochaktuellen Fällen aus der Beraterpraxis.
- Sie vernetzt auf ideale Weise alte und junge Berater und Beraterinnen: Erfahrene Seniors können ihr Wissen weitergeben, sowohl in der Rolle des Fallbringers als auch in der Rolle des Beraters.
- Sie stellt eine »In-vitro-Beratung« dar, eine Situation, in der bestimmte Aspekte der Beratung geübt werden können. Dies ist insbesondere für junge Berater wichtig, die in der Analysephase z.B. professionelles Interviewing üben können bzw. davon Zeuge werden.
- Es ist schließlich eine Methode des Lernens in einem »hierarchiefreien« Raum: Es gibt keinen (Be)lehrenden und keine Belehrten, sondern nur eine lernende Gemeinschaft, in der jeder gibt und jeder nimmt. Dies führt zu einem in hohem Maße selbstgesteuerten Lernprozess mit einem konstant hohen Aufmerksamkeits- und Motivationspegel. Erstaunlich war, wie sich insbesondere auch ältere, erfahrene Seniors und Partners in dieses Setting eingefügt haben und in jeder Rolle sich in den Dienst des Lernens der Jüngeren gestellt haben.

Minutiöse Vorbereitung eines »Beratungstages«

Will man mit 80 Beratern einen Tag Kollegiale Fallberatung durchführen, bedarf dies einer minutiösen Organisation, die schon lange **vor** dem eigentlichen Anlass beginnt.

- **Der erste Schritt ist die Information der Teilnehmer**; sie müssen wissen, was sie erwartet und welche Rolle sie dabei zu spielen haben. Wir haben dies mit einer mehrseitigen Beschreibung der Methode gemacht, die alle Teilnehmer erhalten haben.
- **Der zweite Schritt ist die Definition der Fallbringer.** In unserem Fall brauchten wir deren zwanzig, um in zehn Teilgruppen à acht Personen in zwei Durchgängen arbeiten zu können. Die Fallbringer oder Klienten müssen ihren Fall vorbereitet an die Veranstaltung mitbringen. Das bedeutet, sie müssen wissen, welche **Fälle** geeignet sind (aktuell, angemessener Komplexitätsgrad, persönliche Beziehung zum Fall, etc.) und sie müssen ihren Fall visualisieren. Bewährt hat sich hier das »Project Map«, in dem der Fallbringer auf einer Flipchart seinen Fall bzw. seine Projektsituation unter fünf Perspektiven bildhaft darstellt: Umweltsituation des Projekts als Stakeholder Map, Schlüsselpersonen des Projekts als Soziogramm, Anlass und Treiber des Projekts, Projektstatus-Darstellung auf einer Zeitlinie und persönliche Befindlichkeit/Beziehung zum Projekt in Form einer Metapher.
- **Der dritte Schritt ist die Vorbereitung und Instruktion der Moderatoren.** Die Qualität der Ergebnisse der Kollegialen Fallberatung, v.a. mit einer in dieser Methode ungeübten Gruppe, hängt entscheidend von der Qualität der Moderation ab. Obgleich die Mehrheit der Berater bereits über ausgezeichnete Moderationskenntnisse verfügte, mussten die speziellen Aspekte dieser Methode noch einmal erläutert werden.
- **Der vierte Schritt ist noch einmal eine Instruktion aller übrigen Teilnehmer**, die ihre Rolle als Berater und als Prozessbeobachter verstehen müssen. Zumindest die ersten beiden Schritte sollten vor dem eigentlichen KFB-Tag durchgeführt werden. Unsere Erfahrung zeigt auch, dass eine gewisse Redundanz bei der Erklärung von Ziel der KFB und Ablauf der Methode durchaus sinnvoll und meist auch notwendig ist.

Der Ablauf eines »Großgruppen«- KFB-Meetings

08.00-08.45	Der Tag beginnt mit einer 45-minütigen Instruktion der Moderatoren. Während dieser Zeit arbeiten in einem anderen Raum die Fallbringer an der Visualisierung ihrer Fälle, den Project Maps. Für die anderen Teilnehmer beginnt der Tag erst um 09.00 Uhr.
09.00-09.30	*Alle* Teilnehmer treffen sich für eine Instruktion, wie sie ihre Rollen als Berater und Prozessbeobachter wahrzunehmen haben. Denn jeder Fallbringer und jeder Moderator ist in der zweiten KFB-Session auch Berater oder Prozessbeobachter.
09.30-09.45	Jetzt erfolgt die Zuordnung der Teilnehmer auf die verschiedenen Gruppen; jeder muss wissen, in welcher Gruppe und in welchem Raum er arbeitet. Hierfür braucht es eine sorgfältig geplante, idealerweise visualisierte Logistik.
09.45-11.45	Dann beginnt die erste Session, bei der für 2 Stunden in zehn Gruppen parallel gearbeitet wird. Normalerweise dauert der erste Durchgang einer Kollegialen Fallberatung immer länger als die Folgenden, da die Teilnehmer erst mit der Methode vertraut werden müssen. Wichtig ist es, ein klares Zeitraster für die einzelnen Schritte der Methode, idealerweise auf einem aufgehängten (Flipchart-)Blatt, vorzugeben; dies erleichtert es dem Moderator, die Teilnehmer zu diszipliniertem Arbeiten anzuhalten. Jede Gruppe ist angehalten, eine 15-minütige Pause selbstorganisiert abzuhalten.
11.45-12.30	Am Ende der Session erfolgt in der jeweiligen Gruppe das Feedback des Prozessbeobachters. Gerade wenn »Berufsberater« in der KFB die Beraterrolle wahrnehmen, ist es wichtig, im Feedback die Qualität des (kollegialen) Beratungsprozesses, die Aktionen und die Interaktionen der Teilnehmer kritisch zu beleuchten. Denn solches Feedback bekommen Berater nicht allzu häufig.
12.30	Mittagessen
13.30-15.30	Zweite Session der Kollegialen Fallberatung mit neuem Fall und neuer Rollenverteilung.
15.30-16.00	Feedback der Prozessbeobachter in den Gruppen
16.00	Pause
16.15-17.00	Berichte aus den Gruppen im Plenum: Austausch von den gewonnen Erkenntnissen bezüglich Beratungsprozessen; Feedback zur Methode.

Erfolgsfaktoren

Qualität der Fälle

Als zentral für den Erfolg erweist sich immer wieder die **Qualität der Fälle**. Oft neigen Fallbringer dazu, ein abgeschlossenes Projekt quasi in der Retrospektive auf den Prüfstand zu stellen; es zeigt sich, dass die Berater weniger an Geschichtsschreibung interessiert sind, sondern dass **die Fälle am attraktivsten sind, deren Ausgang noch »offen« ist**.

Wenig bringt es auch, wenn »nur« eine Unternehmenssituation in aller Breite dargestellt wird, ohne auf den Prozess der Beratung selbst einzugehen; die Stärke der Methode zeigt sich dort, wo die ganze Komplexität der Interaktion von Berater, Objekt der Beratung und Beratungsprozess zum Gegenstand der Fallberatung gemacht wird.

Bereitschaft des Fallbringers

Ein anderer Erfolgsfaktor hängt mit der Bereitschaft des Fallbringers zusammen, sich als Klient wirklich einzubringen. **Die Offenheit, einerseits die sachlichen Probleme in ihrer Komplexität aufzuzeigen, andererseits auch die eigene Beziehung zum Projekt anzusprechen, eventuell auch den eigenen Anteil an der Problemsituation** zu sehen, ist entscheidend. Es kann immer wieder beobachtet werden, wie ein offener Klient in den Beratern eine ungeheure Motivation zum Helfen freisetzt. Und dieses Interesse, dem Klienten/»Kunden« wirklich helfen zu wollen, ist oft entscheidend für die Qualität und das Resultat des Beratungsprozesses.

Geschick der Berater

Es liegt am Geschick der Berater, zu erkennen, **wo mehr die sachlichen Aspekte im Vordergrund stehen oder wo man mehr auf den Klienten selbst**, d.h. auf seine Beziehung zum Projekt als Consultant oder Projektleiter, eingehen muss.

Zwei Gefahren müssen vermieden werden:

- Manche Berater versuchen, **den Fall nur auf einer sachlich-rationalen Ebene** zu lösen, einerseits **unter Vernachlässigung aller psychologischen Aspekte** der Unternehmenssituation, andererseits **ohne den Beratungsprozess und damit den Klienten, d.h. den Projektleiter oder den Consultant im Projekt, mitzureflektieren**. Dazu neigen gemäß unserer Erfahrung v.a. die betriebswirtschaftlich ausgebildeten Berater.

- Die zweite Gefahr bezieht sich auf die andere Seite der Medaille: Spezifisch in derjenigen Form der Kollegialen Fallberatung, in welcher der Klient bei der Phase der Hypothesenbildung abgewendet sitzt, tendieren die Berater manchmal zu einer **extremen Personalisierung und Psychologisierung der Problemsituation; alles wird nur an der Person und am Verhalten des Klienten aufgehängt**. Naturgemäß neigen HR- und Prozessberater mehr dazu, in diese »Falle« zu tappen. Allerdings ist es oft gerade diese Phase der Hypothesenbildung in der Kollegialen Fallberatung, in der Berater viel über die Komplexität und Mehrschichtigkeit eines Beratungsprozesses lernen. Gerade für Berater mit betriebswirtschaftlichen und technischen Hintergrund ist es wichtig und lehrreich, sich der Dimension des persönlichen Verhaltens und der Dynamik eines Gruppenprozesses bewusst zu werden.

Geschick des Moderators

Berater tendieren dazu, sich vom Inhalt eines Falles gefangen nehmen zu lassen und den Prozess aus den Augen zu verlieren: Dies trifft für die Arbeit in ihrer Beraterpraxis zu, aber auch für die Beraterarbeit während der Fallberatung. Hier bedarf es des Geschicks des Moderators, **so zu intervenieren, dass alle drei Aspekte fruchtbarer Zusammenarbeit – das Thema, die Person und die Kommunikation** (vgl. TZI) – angemessen berücksichtigt werden. Es ist ein Irrtum zu glauben, dass Teilnehmer aus den Beraterberufen sich in der Kollegialen Fallberatung quasi selbst moderieren können; die Praxis zeigt, dass gerade hier eine souveräne, entschlossene Moderation entscheidend für den Erfolg ist.

Bedeutung der Auswertungsrunde

Die Feedbacks aus den Gruppen im Plenum zeigen die Wichtigkeit der Auswertungsrunde mit dem **Bericht des Prozessbeobachters** am Ende einer KFB-Session. Besonders vom Fallbringer als »Kunden« ist es wichtig zu erfahren, wie er oder sie die Beratung allgemein empfunden hat und speziell welche Aspekte besonders nützlich waren. Denn **im normalen Berufsleben sind Berater eben nicht Kunden; umso wichtiger ist es, sich in diese Rolle versetzen zu können**.

Arbeitsklima

Entscheidend für den Erfolg ist sicher auch das **Klima**, in welchem dieses »Coaching im Team« sich abspielt.

- Wertschätzung und Akzeptanz ist die erste Grundvoraussetzung,
- Offenheit und die Bereitschaft, sich einzubringen, die zweite.
- Drittens geht es um das Erkennen und dann das Arbeiten am gemeinsamen Ziel – sei es dem Klienten wirklich helfen zu wollen, sei es gemeinsam lernen zu wollen.

Zusammenfassend lässt sich sagen, dass von fast allen 80 Beteiligten die Methode der Kollegialen Fallberatung als äußerst positiv für das Lernen in Beraterorganisationen bewertet worden ist.

Weitere Einsatzformen der Kollegialen Fallberatung in der Beratung

Kollegiale Fallberatung wenden wir auch für die Durchführung von **Projekt-Reviews** in laufenden Beratungsprojekten an. Sinnvoll ist diese Methode insbesondere dort, wo im Review nicht nur die reinen harten Daten im Vordergrund stehen, sondern wo die Komplexität im beratenen System sehr hoch ist, wo sich die Zusammenarbeit zwischen Berater und Klientensystem als schwierig erweist, oder wo es im Projektteam selber zu Unklarheiten bezüglich des Projekts oder bezüglich der Zusammenarbeit gekommen ist. Durch die Kollegiale Fallberatung kann das Projekt und gleichzeitig auch der verantwortliche Projektleiter auf den »Prüfstand« gestellt werden – allerdings »geprüft« und beraten von äußerst wohl wollenden Kollegen. Diese sind bei einem Projekt-Review meist selber Mitglieder des Projektteams; äußert sinnvoll ist es aber auch, andere, in Bezug auf dieses Projekt außenstehende Kollegen, in den KFB-Beraterkreis hereinzunehmen. Sie stellen oft jene entscheidenden, kritischen Fragen, die sich die »Insider« selbst nicht mehr stellen (können).

Hier zeigt sich wieder, dass **die beste Teamzusammensetzung bei der Kollegialen Fallberatung eine ausreichend heterogene ist**, um die nötige Perspektivenvielfalt zu gewährleisten.

Eine weitere Form ist die **Ausbildung von jungen Consultants** im eigenen Organisationsbereich, in der sich erfahrene Seniors mit einem ihrer Projekte für eine strukturierte Analyse mit entsprechenden Interventionsvorschlägen durch die Jung-Consultants zur Verfügung stellen. Oft kann der Senior-Fallbringer dann aufzeigen, welche wichtigen Fragen nicht gestellt worden sind, welche Vorschläge bezüglich Umsetzung unrealistisch sind und welche unerwünschten Nebenwirkungen bestimmte Interventionen haben würden. Hier kann es sich natürlich auch um bereits abgeschlossene Projekte handeln.

Manchmal zeigt es sich aber auch, dass die Juniors Fragen oder Vorschläge vorbringen, die auch für den Senior hoch interessant und nützlich sind. Wie eben viele Teilnehmer an solchen Fallberatungen sagen: »Es ist unglaublich, in wie kurzer Zeit die *Berater* meine Situation verstanden haben und welche Denk- und Problemlösungsprozesse diese Methode bei mir ausgelöst hat.«

Kollegiale Fallberatung scheint als Methode die Fähigkeit zu haben, in Beratern das auszubilden, was für ihren Beruf entscheidend ist:

- Komplexe Muster schnell zu erkennen *(pattern recognition)* und
- Beziehungen und Interaktionen so zu gestalten, dass gemeinsame Resultate entstehen *(building relationships for results)*.

Claudia Weinmann

Kollegiale Fallberatung oder Reflecting Team

Einsatzkontext im Rahmen von Siemens Qualification and Training SQT

Im Rahmen von Seminaren bspw.:

- »Coaching für Führungskräfte« / Situationsfokus: Führungskräfte und Mitarbeiter, Mitarbeitergespräch
- Kommunikationsseminare für Auditoren (Qualitäts- und Umweltschutzauditoren) / Situationsfokus: Auditoren im Gespräch bzw. beim Audit mit den Auditierten
- Seminar für Projektleiter

Wichtig: Es muss ein konkretes Anliegen des Falleinbringers vorliegen, weiterhin muss der Falleinbringer eine konkrete Fragestellung bzw. einen Wunsch an die »kollegialen Berater« stellen.

Es wird an einer konkreten Situation, die bereits passiert ist oder die in naher Zukunft liegt, gearbeitet.

Beispiel 1: *Eine Führungskraft hat mit einem Mitarbeiter häufiger Verständigungsschwierigkeiten.*

Frage des Falleinbringers: »Woran liegt es, dass mein Mitarbeiter mich sehr häufig missversteht und meine Arbeitsanweisungen nicht befolgt?«

Beispiel 2: *Der Auditor kennt den zu Auditierenden, dieser war in früherer Zeit Kollege, mit dem sich die damalige Zusammenarbeit schwierig gestaltet hatte – es kam zu Rivalisierung untereinander.*

Frage des Falleinbringers: »Wie hätte ich diese Situation anders meistern können, als ich in der Rolle des Auditors war?«

Beispiel 3: *Ein Projektleiter, der bei den Projektmeetings immer wieder auf Barrieren stößt; es geht nicht so richtig voran im Projekt, trotz klarer Terminabsprachen, Aufgabenpaketverteilung und Zielabsprachen.*

Frage des Falleinbringers: »Helft mir herauszuarbeiten, warum es so zäh in den Meetings läuft?«

Beispiel 3: Fallschilderung mittels der vier Phasen

Phase 1: Situationsbeschreibung
Ein Projektleiter bringt seinen Fall ein. Trotz klarer Terminabsprachen, klarer Aufgabenpakete und Zielabsprachen geht es nicht so richtig voran im Projekt.

Phase 2: Fragerunde des Beratungsteams an Falleinbringer

- Wer ist Mitglied in der Projektrunde?
- Wie stehen diese Mitglieder zu Ihnen?
- Woher bekannt, wie lange bekannt?
- Welche Funktionen haben die Mitglieder?
- Wer wählte die Mitglieder des Projektteams aus?
- Aus welchen Abteilungen bzw. Bereichen kommen die Mitglieder?
- Gibt es eine geregelte Projektorganisation?
- Was sind die Themen in den Projektrunden?
- In welchen konkreten Situationen geht es nicht weiter?
- Wie äußert es sich, dass es nicht weitergeht?
- Von wem haben Sie den Auftrag der Projektleitung erhalten?
- Wie viele Projekte haben Sie schon geleitet?

Phase 3: Beratungsrunde (Falleinbringer hört nur zu, setzt sich etwas zurück)
Das Beratungsteam benennt wichtige Punkte, die auffallen, eigene Empfindungen, Gefühle während der Erzählung des Falles.

- Es fällt dem Team auf, dass zwei Vorgesetzte des Projektleiters in dem Projektteam als Mitglieder dabei sind. Deren Rolle bzw. Funktion ist nicht geregelt. Sie agieren weiterhin als Vorgesetzte im Projektteam und untergraben die Autorität des Projektleiters.
- Weiterhin vermutet die Gruppe, dass der Auftraggeber des Projektes von den beiden Führungskräften nicht akzeptiert wird.
- Das Beraterteam vermutet, dass es hier um Machtgerangel zwischen internen Abteilungen geht.

Phase 4: Übergabe der Lösungsansätze
Das Beraterteam gibt folgende Lösungsansatze an den Falleinbringer weiter:

- Der Entscheidungs- und Handlungsspielraum des Projektleiters muss definiert werden (autorisieren lassen)
- Die Rolle und Funktion der Vorgesetzten im Projektteam muss geklärt werden.
- Der Umgang mit abteilungsübergreifenden Projekten muss geregelt und kommuniziert werden.
- Falls sich durch die o.g. Maßnahmen keine Besserung der Projektarbeit einstellt, ggf. das Amt als Projektleiter niederlegen.

Verlauf der Kollegialen Fallberatung / Reflecting Team

Vorbereitung und Auswahl konkreter Themen

Die Teilnehmer schildern in wenigen Sätzen ihre Problemstellungen bzw. ihre Themen, zu denen sie sich Lösungsansätze wünschen. Die Themen werden gesammelt, z.B. an der Flipchart, und es wird gemeinsam eine Auswahl der zu bearbeitenden Themen getroffen.

Phase 1: Situationsschilderung
Der Falleinbringer schildert sein Problem in groben Zügen:

- Situationsdarstellung,
- beteiligte Personen in der Situation,
- bisher durchgeführte Aktivitäten und deren Wirksamkeit,
- Zielrichtung,
- Wunsch des Falleinbringers.

Phase 2: Fragerunde
Durch Fragen verschafft sich die Gruppe als Beratungsteam Informationen zum Problemhintergrund und zu Zusammenhängen.

Fragen nach Gründen, Ursachen, Wirkungen; erlaubt sind Informationsfragen, keine Lösungsfragen; wer keine Frage hat, gibt in der Runde weiter, solange, bis alle Unklarheiten beseitigt sind.

Phase 3: Beratungsrunde
Das Beratungsteam benennt eigene Empfindungen, Gefühle während der Erzählung des Falles.

Der Falleinbringer sitzt außerhalb der Gruppe, wobei er keinen Blickkontakt mit der Gruppe hat. Jetzt geht es darum, dass die Gruppe Gefühle äußert.

- Gruppe: Was ist mir aufgefallen (wertfrei)?
- Wie würde es mir anstelle von ... gehen? (Hier in beide Seiten einfühlen, Identifikation z.B. mit Mitarbeiter und Führungskraft)

Das Beratungsteam benennt einen Moderator und entwickelt Ideen und mögliche Lösungsansätze – keine Bewertung der Lösungsansätze –

Phase 4: Übergabe der Lösungsansätze
Der Falleinbringer wird in die Gruppe gebeten und die gesammelten Lösungsansätze werden ihm übergeben. Er kann einen abschließenden Kommentar abgeben: Welche Ideen sind nützlich, interessant, welche Ideen möchte er umsetzen.

Hinweis: Werden Reflecting-Team-Sitzungen parallel in mehreren Kleingruppen durchgeführt, empfiehlt es sich, die Erfahrungen im Plenum zusammenzufassen.

Wichtig: Es muss ein konkretes Anliegen vorliegen und eine konkrete Fragestellung an die »kollegialen Berater« gestellt werden.

Es wird an einer konkreten Situation, die bereits passiert ist **oder** die in naher Zukunft liegt, gearbeitet.

Erfahrungen aus ExpertInnensicht

Es ist erstaunlich, mit wie viel Kompetenz, Erfahrungen und Fingerspitzengefühl das Beraterteam vorgeht und zu sensibler Einfühlung in die Fallsituation des Falleinbringers kommt, ebenso werden die Lösungsansätze des Teams als sehr hilfreich vom Falleinbringer angesehen.

Teamzusammensetzung

Bei der Zusammensetzung der Gruppe ist es wichtig, dass die Gruppenmitglieder (das Beraterteam) die Akzeptanz des Falleinbringers haben; dies wird eher gewährleistet, wenn die Berater in der gleichen Rolle (hier Führungskraft bzw. Auditor) sind und aus ähnlichem Arbeitsumfeld kommen. Diejenigen Berater, die jedoch auch den Blick über den Tellerrand mitbringen, können in den Runden einen wichtigen Beitrag zur Situationsklärung leisten.

Dauer

Gesamtzeit einer Beratungsrunde ca. 30 Minuten

Peter Höher

KFB plus – Erweiterte Kollegiale Fallberatung im Beratungsprozess

VORBEMERKUNG

Die Kollegiale Fallberatung hat sich zu einer etablierten Interventionsmethode in Beratungsprozessen entwickelt. Hinter der Intervention steht u.a. die Grundannahme, dass eine Gruppe selbstheilende Kräfte entwickelt, im Idealfall ohne Intervention von außen, aber mit Wissen von innen. In der Methodik wird u.a. auch mit Wirklichkeitstheorien analog eines konstruktivistischen Verständnisses gearbeitet. Die Wirklichkeit des betroffenen Gruppenmitgliedes muss nicht zwangsläufig der Realitätswahrnehmung der in den Beratungsprozess involvierten Gruppenmitglieder entsprechen. **Die Methodik macht u.a. dort Sinn, wo sich die Gruppenmitglieder in einem organisationskulturellen Kontext bewegen, der als so genannte »Vertrauenskultur« bezeichnet werden kann.**

Kennzeichen einer Vertrauenskultur ist z.B. der grundlegende Respekt der Organisationsmitglieder untereinander, die Achtung individueller Meinungen, Wertsysteme, Ethnien etc. In dieser vertrauensorientierten Kultur ist der offene und transparent-konstruktive Umgang mit Kommunikation und Feedback selbstverständlich. Auch Konflikte auszutragen, erfolgt auf einer fairen, sachlichen und nicht die Person angreifenden Ebene. Der Umgang mit Rückmeldung erfolgt verbindlich und aktiv in der dialog-orientierten Form, d.h. auch Aufwärtsbeurteilung bzw. Feedback gegenüber Führungskräften sollte ebenso machbar sein.

Wohl gemerkt, wir sprechen hier von theoretischen Idealbedingungen, die sich in der Praxis vermutlich in der Reinform selten vorfinden lassen.

Wie ist die Wirklichkeit kultureller Bedingungen in der Praxis gestaltet? Der Blick auf organisationale Wirklichkeit impliziert zugleich auch immer den Blick auf Beziehungsgestaltung in diesen Systemwelten. Die Praxis zeigt in den Beratungsprozessen hier in den meisten Fällen **Kommunikations- und Konfliktprobleme auf der Führungsebene interpersonell** auf, z.B. in Führungsteams, aber ebenso gegenüber den Führungs- und Mitarbeitendenebenen, die nachgeordnet sind. Ebenso sind **intrapersonelle Konflikte, z.B. Rollenkonflikte**, vielfach vorzufinden vgl. Höher/Höher 2002).

Ein Beispiel: *Ein Mitarbeiter soll im Rahmen einer Karriereentwicklung Führungsverantwortung neu erlangen, obgleich er eigentlich ein hervorragender Projektexperte in der Fachlaufbahn wäre. Hier wird ihm aber nicht offeriert, weitere Karriere machen zu können. Also schlägt er den Weg der Führungslaufbahn ein, obgleich dieser Weg ihn möglicherweise in das Desaster führen könnte, zu einer inkompetenten Führungskraft zu werden, die eigentlich keine Lust darauf hat, Menschen führen zu wollen bzw. zu können. Möglicherweise ist damit das faktische Scheitern bereits vorprogrammiert. Die Entscheidung zwischen den Wegen könnte einen intrapersonellen Konflikt auslösen.*

Kollegiale Fallberatung impliziert eine Grundbedingung, die sich vom Setting her einer Vertrauenskultur annähert. Schwierig genug; denn Feedback zu geben und v.a. zu empfangen, setzt eine relative Vertrauensebene und auch Beziehungskompetenz voraus. Insbesondere erscheint der Verweis darauf angebracht, wenn es um Ratschläge anderer geht. Das Feedback wird auch nur dann zu einer länger andauernden Verhaltensänderung beim Betroffenen führen, wenn auf der individuellen Ebene die Bereitschaft vorhanden ist, auf Grund von Feedback das eigene Verhalten modifizieren zu wollen und Feedback damit angenommen und umgesetzt wird.

Vielleicht mag die **Kollegiale Fallberatung in der traditionellen Form** eher anwendbar sein in Kulturen, die im überschaubaren Mitarbeitendenkreis eine problemorientierte Behandlung von Themen ermöglichen. **Dies könnten z.B. schulische Einrichtungen, sozial-karitative Organisationen, einige Einrichtungen des Gesundheitssektors etc. sein**, wie ich es in meinen Beratungsprozessen erlebt habe.

Schwierig wird es hingegen in dem Kontext von z.B. industriellen Wirtschaftsbetrieben. Sie waren in der Vergangenheit auf der Interventions- bzw. beratenden Ebene im Topmanagement eher vorsichtig und weniger empfänglich für Interventionsmethoden, die aus einem Supervisionsumfeld stammen. Der assoziierte »therapeutische Touch« lässt die Klienten zurückhaltend agieren. Die Orientierung erfolgt hier an Methoden, die hier entweder prozessanalytisch aufgebaut sind oder Elemente aus der klassischen Aktionsforschung beinhalten. Die Verfahrensschritte im Umgang mit Beratern, wie z.B. vom Kontakt zum Kontrakt zu kommen, über die Phasen der Analyse, Datensammlung, Datenrückspiegelung, Prozessintervention, Implementation und Evaluation sind in den Klientensystemen aus diversen Projekten und Benchmarkings von Beratungsunternehmen zumeist bekannt (vgl. hierzu Kubr 1998).

Verhaltener gehen dort die Akteure mit Methoden der Kollegialen Fallberatung um, die einen relativ starren methodischen Ablauf bietet, was Vor- aber auch zahlreiche Nachteile mit sich bringen mag.

Da hier ein Beispiel aus dem produzierenden Gewerbe vorgestellt wird, stelle ich **mit der KFB plus eine erweiterte Form der Kollegialen Fallberatung in der Arbeit und beratenden Intervention mit einem so genannten Steuernden Team vor**. Die KFB plus ist hier einerseits darauf gerichtet, konkrete Probleme zu lösen. Andererseits handelt es sich auch um eine Form von Unterstützung individueller Entwicklung einzelner Protagonisten und auch um **eine Form einer «Community of Practice« als aktives Wissensmanagement** (vgl. auch Galler/Kopp/Vonesch 2001, 91) auf dem Weg zu einer **»Brain-Company«**, wie sie u.a. Ursula Meier (ABB Services, Baden/CH) von der Personalseite gegenüber dem Management beim GWS-Forum 2002 aufzeigte.[1]

1. DAS BEISPIEL

Das hier beschriebene Beispiel der KFB-*plus*-Methode bezieht sich auf ein Unternehmen mit ca. 1.800 Mitarbeitern. Es ist ein mittelständischer Produktionsbetrieb der Zuliefererindustrie. Der Stammsitz liegt in Deutschland, in den USA existiert ein Tochterunternehmen. Das Unternehmen ist inhabergeführt. Unterhalb der Führungsebene des Eigners, der ähnlich einem Sprecher der Geschäftsführung agiert, gibt es drei Führungsebenen:

- *Führungsebene 1 (F1): Bereichsleiter (Produktion und Administration)*
- *Führungsebene 2 (F2): Abteilungsleiter (Verwaltung)*
- *Führungsebene 3 (F3): Meister (Produktion).*

In der Regel überlässt der Eigner der Führungsebene 1 die Steuerung des Unternehmens, wobei strategische und finanzielle Entscheidungen seiner Mitsprache bedürfen.

Es gibt vielschichtige Problemthemen in dem Unternehmen. Diese beziehen sich u.a. auf kommunikative Abläufe über die Führungsebenen Eigner zu F1 bis F3. Ebenso betrifft dies die Ebene F3 an der Schnittstelle zu den Mitarbeitern. Hier kommen interkulturelle und kommunikative Verständigungsschwierigkeiten der Meister gegenüber den Mitarbeitenden u.a. auf Grund der zahlreichen Herkunftsländer der Beschäftigten hinzu. Jede der Führungsebenen beklagt gegenüber den anderen Führungsebenen, dass immer wieder Missverständnisse vorhanden sind, die sich auf die Produktion, die internen Prozesse und die Auslieferung an die Kunden beziehen. Gruppenarbeit ist auf der Ebene Meister und Mitarbeiter nur zu einem geringen Teil eingeführt.

Das Mandat für den Beratungsprozess erteilte nach Erstgespräch, Angebotslegung und Präsentation der Vorgehensweise der kaufmännische Geschäftsführer, der der Führungsebene 1 angehört, unter Mitwirken des Eigners. Die zweite Präsentation erfolgte in der Angebotsnachphase vor einem erweiterten Gremium, dem Vertreter der Ebenen F1-F3 angehörten.

Ziele des Verbesserungsprozesses sind u.a.

- Optimierung des Kommunikationsflusses F1-F3
- Umgang mit konstruktivem Feedback
- Intensivere vertrauensvolle Zusammenarbeit und Verständigung im Team (jeweilige Ebene F1-F3 und übergreifend)
- Optimierung des Sitzungsmanagements

2. DIE ERWEITERTE INTERVENTIONSMETHODE KFB PLUS

Die Kollegiale Fallberatung ist als Interventionsmethode aus der Supervision in der Arbeit u.a. im schulischen Kontext oder der Suchtarbeit bekannt. Es handelt sich um eine Methode kollegialer Zusammenarbeit für Kleingruppen, die Elemente der kooperativen Entscheidungsfindung enthält. Sie ist jedoch in besondere Phasen gegliedert, die in einer bestimmten Abfolge – relativ starr – einzuhalten sind. Die einzelnen Schritte sind in diesem Buch zur Genüge beschrieben, so dass ich mich der KFB-*plus*-Variante zuwenden kann. **Meines Erachtens lässt sich die erweiterte Methodik erfolgreich dann anwenden, wenn zuvor – und das ist u.a. ein wesentlicher Unterschied zur traditionellen Einsatzvariante – eine Sensibilisierung der Gruppenmitglieder bezüglich des Vorgehens auf verschiedenen Ebenen erfolgte.**

Meine Leithypothese war hierbei, dass die Teilnehmer in den wenigsten Fällen über das Handlungswissen verfügen, wie z.B. gruppendynamische Prozesse in Teams ablaufen, oder wie z.B. mit Feedback konstruktiv umgegangen wird. Ebenso wenig treffe ich in zahlreichen Unternehmen auf »gelebtes Handlungswissen« respektvoller und effektiver Kommunikationsformen. Damit meine ich z.B. Grundregeln der Kommunikation, Fragetechniken, aktives Zuhören etc. Ich erlebte auch häufig chaotisch verlaufende Sitzungen, in denen weder Struktur noch Effizienz im Output erkennbar waren; die Verbindlichkeitskomponente fehlte meistens. Der Umgang mit Visualisierungs-, Moderations- und Kreativtechniken hätte in vielen Fällen die Teilnehmenden stringenter voranbringen können. Respekt im Umgang miteinander hat auch etwas mit dem Anerkennen von Stärken und Schwächen im Persönlichkeitsbild eines Menschen zu tun und mit der Erfahrung, dass die Selbstwahrnehmung eines Menschen nicht unbedingt mit der gewünschten Wirkungsweise des individuellen Auftretens und der Fremdsicht von Beobachtern übereinstimmen muss.

Erweitert wird die Kollegiale Fallberatung in der KFB-plus-Variante um:

- Optional: Kenntnisse über die eigenen Stärken und Schwächen (Potenzial-Check/Management Audit ausgelegt auf berufsbezogene Kompetenzfelder in der Selbst- und Fremdsicht)
- Rollen- und Beziehungsklärung im Team (Soziogramm im Management Audit/Rückspiegelung der Gesamtergebnisse im Teamentwicklungstraining)
- Optional: Werteverständnis klären (im Rahmen von Teamentwicklungstraining und Selbsteinschätzung mit einem Motivationsprofil-Fragebogen)
- Grundkenntnisse erwerben in Gruppendynamik, Moderations-, Präsentations-, Visualisierungstechniken, des Weiteren in Kommunikations- und Feedbacktechniken und zielorientierter Teamleitung; hinzu kommt ein Grundlagentraining in kreativen Problemlösungstechniken
- Rollensimulationen mit Video-Feedback (Einüben von Varianten als Lösungsangebote für den Probanden/PR)
- Diskussion der jeweiligen Prozessschritte in einem »lernenden Team« als Metagremium des Change-Prozesses (Ziel aus Beratersicht: Handlungswissen im Klientensystem implementieren, der Selbstkompetenz der Teilnehmer/Stärken)
- Teilnahme des Moderators/Gruppenleiters (GL) in der Rolle eines Coaches (critical friend)

2.1 Rahmenbedingungen

Die KFB-*plus*-Intervention geht von einer Gruppengröße von maximal ca. zehn bis zwölf Teilnehmern aus. Besser sind kleinere Gruppen mit sechs bis acht Teilnehmern. In der Anfangssitzung kommen alle Teilnehmer der Ebenen F1-F3 in einer Sitzung zusammen. Das Meeting des »Meta-Teams«, das eine übergeordnete Rolle in dem anstehenden Prozess der KFB *plus* einnimmt, dauert einen halben bis einen ganzen Tag zum Auftakt. Das Meta-Team trifft sich dann in dieser Zusammensetzung regelmäßig solange in einem festzulegenden Rhythmus, wie die KFB-*plus*-Gruppen von der Prozesslänge her tagen. Die Folgemeetings nach dem Auftakt dauern ca. drei Stunden. Einzelne Sitzungen sind durchaus in 90 Minuten zu schaffen. Inhalte des Auftakt-Meetings sind u.a.

- Klären der gemeinsamen Arbeitsbedingungen/Klären des Prozessverlaufes
- Klären der Protagonisten und Themenfelder
- Nominierung der Gruppenmitglieder
- Erläuterung des Settings: d.h., in dem Meta-Team werden die Rahmenbedingungen gemeinsam vereinbart, die Informationen gesammelt und ausgetauscht
- Festlegen von Umgangsregeln innerhalb des Meta-Teams
- Festlegen des einheitlichen Settings der KFB-*plus*-Gruppen
- Fixieren der Termine und Vorgehensweisen für die Management Audits (dreistündig, Einzelgespräche, wenn dieser optionale Schritt durchgeführt wird)
- Fixieren der Termine und Vorgehensweisen für die Kompetenz-Trainings zu den vorgenannten Themen
- Klären der Begleitungsart durch den Berater/Moderator/Coach

Nach der Auftragserteilung fand in unserem Fallunternehmen **das erste Metagruppen-Meeting** statt. Die vorgenannten Punkte wurden visualisiert abgearbeitet. Aus der Metagruppe wurden vier Themen- und Problemfelder benannt, die sich auf »Kommunikation«, »Konflikte im Team«, »Teamzusammenhalt« und »Sitzungen und Gruppenbesprechungen besser durchführen« bezogen.

Diese vier Themen- und Problemfelder stellen zugleich die Themen für vier KFB-*plus*-Gruppen dar. Die Moderatoren der KFB-*plus*-Gruppen (je ein Moderator plus Co-Moderator) stammen aus der Metagruppe. Sie werden im Rahmen der durchzuführenden Trainingsmodule als Assistenten des Beraters von der Vorbereitung der Module beginnend bis zur Durchführung gecoacht.

Es würde den Rahmen an dieser Stelle sprengen, das Audit ausführlich zu beschreiben. Wird dieser optionale Schritt nicht durchgeführt, empfehle ich, das Soziogramm in dem Metagremium einzusetzen. Dort kann auch, z.B. mit Hilfe der Moderationsmethode, auf pragmatische Art eine Mini-Bildungsbedarfsanalyse durchgeführt werden, um eine vernünftige Ausgangsbasis für die Basis-Qualifizierung der KFB-*plus*-Gruppenleiter zu schaffen.

In der Durchführung von Meta-Meetings lernen die Teilnehmer u.a. den Umgang mit Sitzungsmanagement-Prinzipien, kommunikativen Techniken und Feedbackregeln. Diese Einheiten werden stringent in den Trainings behandelt und vertieft.

Die **Kompetenz-Trainings**, die i.d.R. mindestens einen Tag dauern, bestehen zu einem Drittel aus Lehrinput, zu zwei Dritteln aus Rollensimulationen und praktischen Übungen, wobei Modelllernen und Erfahrungslernen den pädagogischen Bezugsrahmen bilden. Die künftigen KFB-*plus*-Gruppenleiter lernen in Unterstützung des Trainers bereits wesentliche Fertigkeiten einzusetzen. Videogestütztes Feedback dient in den Rollensimulationen zur Analyse und Optimierung der entsprechenden thematischen Sequenzen. Hierbei üben sich die Gruppenleiter bereits in kollegialen Feedbacktechniken.

Die **moderativen Grundfertigkeiten** erlernen die Teilnehmer gemeinsam in einem weiteren Trainingsmodul, wobei sich durch das Coaching der künftigen Gruppenleiter deren Kompetenzen für die KFB-*plus*-Sequenzen gezielt erweitern.

2.2 Die KFB-plus-Sitzung aus Sicht der Beteiligten

Durch die zuvor beschriebene Qualifizierung und das Coaching der Gruppenleiter bleibt Handlungs- und Erfahrungswissen in der Organisation. Dies stellt eine wesentliche Grundbedingung eines aktiven Wissensmanagements dar. Die Zeitdauer der KFB-*plus*-Sitzungen variiert im ca. vier- bis sechswöchigen Abstand zwischen 90 Minuten und 180 Minuten Durchführungszeit. In der Anfangszeit ist es ratsam, dass der externe Berater als Coach zumindest die erste Sitzung begleitet, um nach dieser dem Gruppenleiter und auch der Gruppe ein Feedback zu geben. Das Feedback richtet sich u.a. auf den Prozess, die formellen Schritte, die Intervention und die erreichten Ergebnisse. Das Review sollte auch darauf eingehen, was aus Sicht des Gruppenleiters gut bzw. schlecht lief und welche Möglichkeiten es gibt, die Hindernisse auszuräumen.

Die Sitzung verläuft nach der KFB-Struktur:

- Fallbeschreibung
- Analysen- und Hypothesenaufnahme und -diskussion
- Eingrenzung auf das Schlüsselthema
- Erarbeiten von Lösungsvorschlägen
- Bewerten der gesammelten Ideen
- Reflexion des Prozesses
- Vereinbarung eines Follow-up-Treffens

In der Analysephase, beim späteren Erarbeiten von Lösungsvorschlägen und dem danach folgenden Bewerten der Ideen sowie der Prozessreflexion besteht die Möglichkeit, eine Videokamera mitlaufen zu lassen. So kann im Rahmen einer Prozessbeobachtung durch die Gruppe und den Fallgeber auf das mitgeschnittene Material zugegriffen werden. In dem einen oder anderen Fall ist dieser Ideen-Pool neben den visualisierten Arbeitsschritten durchaus hilfreich.

Bei einem Follow-up-Treffen ca. vier bis sechs Wochen später bietet es sich an, dass der Fallgeber als Protagonist an das alte Thema aus seiner Sicht anknüpft. Hierbei sollten das Schlüsselthema, die Empfehlungen aus der Gruppe, die eingeleiteten Maßnahmen und die damit zusammenhängenden Auswirkungen beschrieben werden.

Empfehlenswert ist eine Analyse auf drei Ebenen:

- Individuelle Ebene des Protagonisten (Was hat sich verändert?)
- Prozess- und Themen-Ebene (Was lief gut? Was lief schlecht? Warum? Was ist mit dem Problem? Etc.)
- Umfeld-Ebene (Was waren die Auswirkungen in dem Unternehmen? Was waren die Auswirkungen im Unternehmensumfeld? Etc.)

Anschließend stellt der Fallgeber weitere Fragen im Themenzusammenhang an die Gruppe.

Auffallend war bei allen Sitzungen in dem beschriebenen Unternehmen, dass eher spielerisch – insbesondere von den Männern – mit dieser Methode umgegangen wurde, da sie sich nicht wirklich wohl fühlten, aus einem Meisterkittel in die Rolle des Ratgebers zu schlüpfen. Sie brauchten hier eine Menge an aufmunterndem Feedback, um diese Rolle durchzuhalten. Die Kommentare lauteten hier auch am Rande z.B. »Das lösen wir sonst auch bei einem Bier« oder »Dafür haben wir doch sonst unsere Lagebesprechungen« etc. Die internen Berater empfanden es als schwierig, Ratgeber zu sein und in dieser neuen Rolle anerkannt zu werden.

Hilfreich könnte es an dieser Stelle sein, die Kollegiale Fallberatung in das Qualitätsmanagement bzw. Prozessmanagement als einen Baustein zu integrieren, damit die Methode nicht als Fremdkörper in einem produzierenden Betrieb erlebt wird.

Ich habe gute Erfahrungen damit gemacht, das Metagremium parallel zu den Gruppentreffen weiterlaufen zu lassen. Es kann sich innerhalb des Unternehmens als eine Art *think tank* oder »Wissens-Community« etablieren, wenn Gewähr geleistet ist, dass mindestens ein Drittel der Mitglieder in der Gruppe aktiv bleibt, um den konstanten Wissens- und Informationsfluss sicher zu stellen. Das Metagremium ist auch ein idealer Ort, um einzelne Fälle aus den Gruppensitzungen nach Abschluss und Umsetzung der Empfehlungen durch den Fallgeber vorzustellen. Dies führt auf Dauer zu einer Vernetzung und Synergienutzung innerhalb des Metagremiums und einzelnen Unternehmensbereichen.

3. ABSCHLIESSENDE BEWERTUNG

In dem vorgestellten Fall hat die KFB-*plus*-Methodik dazu geführt, dass sich schrittweise über die Dauer von eineinhalb Jahren verschiedene Aspekte in dem Unternehmen verbesserten. Primär sind hier zu nennen:

- Kommunikations- und Feedbackverhalten der Teilnehmer in dem Metagremium und den Gruppensitzungen (auch visualisierte Protokolle);
- Vertrauensvollere Zusammenarbeit (primär auf der Ebene der o.g. beteiligten Personen);
- Individuelle Kompetenzverbesserung (durch die eingesetzte und angewandte Methodik, aber auch dadurch, dass die Erfahrungen aus den Sitzungen auch auf weitere Schnittstellen im Unternehmen in Teilbereichen vorsichtig übertragen wurden. Dies bezieht sich z.B. auf die Verbesserung der regelmäßigen Besprechungen zwischen Meistern und Mitarbeitenden etc.);
- Teambewusstsein (gesteigertes Selbstbewusstsein der Beteiligten, zahlreiche Probleme aus eigenem Antrieb lösen zu können).

Die eigentliche Herausforderung liegt nicht zuletzt darin, das Verfahren von einem »psychologischen Image« zu befreien, wie zahlreiche Gespräche mit Geschäftsführungen gezeigt haben. Es muss etwas Handfestes und Pragmatisches sein, war immer wieder zu hören. Beim Blick in diverse Personalentwicklungsvorschläge von Unternehmen fällt immer noch auf, dass **als Zielgruppen für Supervision bzw. Kollegiale Fallberatung in erster Linie Menschen angesprochen werden sollen, die »in besonderer Weise sozial gefordert sind«, so eine Formulierung. Führungskräfte bzw. leitende Mitarbeitende sind hier immer noch in der Minderzahl**.

Nicht bezweifelt wurde nach den ersten Gehversuchen in dem beschriebenen Unternehmen die Wirksamkeit der Methode. Eine weitere **Schwierigkeit liegt darin, Menschen unterschiedlicher Sozialisation und Vorbildung zu gemeinsamer Arbeit und zu einem Voneinander-Lernen und Wissen-Teilen zu bewegen**. Insbesondere den Meistern fiel es schwer, sich auf das strukturierte analytische und problemlösungsorientierte Vorgehen einzulassen.

Nach dem Ausprobieren verschiedener Settings erwies es sich nach einem gemeinsamen Kick-Off-Workshop und gemeinsamen Qualifizierungsaktivitäten als vorteilhaft, **die ersten Schritte der teambildenden Maßnahmen zunächst jeweils auf den unterschiedlichen Funktionsebenen** (Bereichsleiter/Abteilungsleiter/Meister) zu gehen. Das Vertrauen war hier von Beginn an größer als in funktionsübergreifenden Gruppen. So fanden die ersten Fallbesprechungen auch zuerst auf Ebene dieser Funktionsstufen statt. Von Beginn an jedoch hielt der externe Berater die Beteiligten dazu an, das Metagremium zu nutzen, um die Lösungen und die zu Grunde liegenden Auslöser vorzustellen.

Erst ab der jeweils zweiten Fallbesprechung gingen die Gruppen dazu über, unter Begleitung des externen Beraters langsam die Gruppen funktionsübergreifend zu mischen. Die Gruppengröße blieb im Rahmen von ca. sechs bis acht teilnehmenden Personen. Die Gruppenleitung blieb bei den zuvor nominierten Moderatoren, also Meister, Abteilungsleiter und Bereichsleiter.

In Abhängigkeit der Qualifikation der Beteiligten, der Organisationskultur und des vorhandenen Erfahrungswissens (implizites Wissen) steht sicherlich die Frage, wie tief gehend eine Basisqualifizierung oder das Erfassen von Soziogramm-Strukturen im Vorfeld der KFB *plus* erfolgen sollte. Diese Frage lässt sich an dieser Stelle nicht eindeutig beantworten. **Jedoch spreche ich ein eindeutiges Plädoyer für eine Kompetenzerweiterung aus, um KFB plus in einem industriellen Unternehmen durchzuführen.** Es erleichtert das Arbeiten mit der Kollegialen Fallberatung immens. Einem Teil wird es als Neu-Erfahrung dienen, einem Teil als Update vergangener Trainings und allen gemeinsam als Startpunkt für den gegenseitig unterstützenden Prozess und für das Vereinbaren gemeinsamer Spielregeln, um wissensintensive interne Beratungsprozesse gegenüber Rat suchenden KollegInnen selbst durchzuführen.

Anmerkung

1 Ursula Meier referierte beim GWS Forum 2002 am 21. und 22. Februar 2002 in Bensheim u.a. über die Nutzung von Gruppen- und Fallsupervision im Topmanagement von ABB und zeigte die langsam zunehmende Akzeptanz interner beratender Verfahren und Interventionsmethoden in der Industrie auf.

Literatur

GALLER, K./KOPP, R./VONESCH, L. (2001) Kollegiale Fallberatung in der organisationellen Praxis. In: Personal 2001, H. 2, 90ff.

HÖHER, P./HÖHER, F. (2002) Konfliktmanagement. Konflikte kompetent erkennen und lösen. 2. Aufl. Freiburg u.a.

KUBR, M. (1998) Unternehmensberater auswählen und erfolgreich einsetzen: ein Handbuch für Entscheider. Internationales Arbeitsamt Genf. Leonberg

III. Teil

Hilfen und Handreichungen

Thomas Rimmasch

Workshop zur Einführung in das Verfahren einer Kollegialen Fallberatung

1. Schritt: Anwärmung

Begrüßung, Vorstellung des Verfahrens, Anwendungsformen der Fallbearbeitung, Aufgaben- und Rollenbestimmung des Fallgebers (FG) und der Berater (B),

2. Schritt: Situationsbeschreibung und Diagnostik der Situation (Falldarstellung)

Min.	Phasen	Tätigkeit Fallgeber (FG)	Tätigkeit der Berater (B)
5 - 20	Situationsbeschreibung, Fallschilderung Möglichkeit der Strukturskizze	Die beratungsnehmende Person erzählt als FG die für sie schwierige Problematik oder Situation, äußert Gefühle, Erwartungen, Ziele	B hören zu, ohne zu kommentieren
15 - 45	diagnostische Phase	FG hört zu, ohne zu kommentieren	B reagieren auf die Fallerzählung. Rückmeldung ihrer Gedanken, Empfindungen, Phantasien, Vermutungen, Hypothesen

3. Schritt: Konkretisierung von Handlungsschritten

5	Zielfeld konkretisieren, Schlüsselthema formulieren	FG formuliert seine Erkenntnisse, Ziele, die Barrieren (das institutionelle oder persönliche Schlüsselthema): »So soll der Zustand aussehen, den ich erreichen will, der unserem Aufgabenfeld entspricht, der der Institution angemessen ist ...«	B prüfen anhand ihres Situationsverständnisses die »Realitätsadäquanz«, formulieren ihre Sichtweisen, Hypothesen dazu
10	Lösungen, Ideen in Form eines Brainstormings oder Kleingruppengesprächs	FG hört zu, ohne zu kommentieren	B entwickeln Lösungsansätze, zielannähernde Handlungswege entsprechend ihrer Situationsauffassung

15 – 20	Entscheidungsfindung, Handlungsschritte, Maßnahmen festlegen: Wer macht was, wann, mit wem, in welcher Zeit, woran ist der Start der Maßnahme erkennbar ...	FG ist es freigestellt, die Lösungsansätze später für sich weiter zu konkretisieren, zu entscheiden oder aktuell zur Entscheidungsdurchführung gemeinsam mit B Maßnahmen und Handlungsschritte fest zu legen	B unterstützen den Aktionsplan mit eigenen Erfahrungen
4. Schritt: Abschluss			
15	Auswertung, Reflexion des Beratungsprozesses, Evaluation, Diskussion der Transferbedingungen	Die Teilnehmer bewerten den Beratungsprozess, die Zusammenarbeit, den Erfolg der Fallberatung, diskutieren die Anwendungsbereiche und -möglichkeiten in den eigenen Arbeitsfeldern.	

Ralf Kopp / Lukas Vonesch

Crashkur Kollegiale Fallberatung

(Zusammenfassung der Ausführungen von Kopp/Vonesch in diesem Buch)

	Rollenverteilung	**TeilnehmerInnen** einigen sich auf eine Aufgaben-/ Rollenverteilung: FallgeberIn ModeratorIn/SchreiberIn BeraterInnen ProzessbeobachterIn
1. 15 Min.	**Situation, Fallbeschreibung**	**FallgeberIn** beschreibt Situation, ›Bild‹, und äußert Spannungsfeld, Ziele, Eindrücke, Gefühle, Erwartungen **BeraterInnen** stellen Verständnisfragen
2. 20 Min.	**Analyse, Hypothesen**	**FallgeberIn schweigt, hört zu** **BeraterInnen** formulieren Analysen, Ursachen, Vermutungen, Eindrücke, Zusammenhänge, Anteile FallgeberIn
3. 10 Min.	**Ziel, Schlüsselthema**	**FallgeberIn** formuliert Erkenntnisse und Schlüsselthema: **»Wie kann ich erreichen, dass ...«** **BeraterInnen** konkretisieren, problematisieren **FallgeberIn** schweigt, hört zu
4. 20 Min.	**Lösungen, Ideen**	**BeraterInnen** entwickeln Lösungen, Ideen *Brainstorming: Ideen sammeln, nicht bewerten*
5. 10 Min.	**Entscheidung, Maßnahmen**	**FallgeberIn** bewertet Ideen, konkretisiert Möglichkeiten und definiert Maßnahmen **BeraterInnen** unterstützen Aktionsplan mit Erfahrungen, Vielfältige Strategien entwickeln
6.	**Probehandeln**	Ggf. können Rollenspiele o.ä. durchgeführt werden
7. 15 Min.	**Bewertung, Prozessreflexion**	**Team** bewertet Prozess/Zusammenarbeit **ProzessbeobachterIn** gibt Feedback **Team** lernt und vereinbart Verbesserungen
	Umsetzung	
	Review	Maßnahmen überwachen (Controlling) Erfolge/Misserfolge auswerten Kollegiale Fallberatung wiederholen

Ziele

Was ist Kollegiale Fallberatung?	Kollegiale Fallberatung • entwickelt Problemlösungen für Sachfragen bzw. persönliche Spannungssituationen. • ist eine schnell erlernbare und strukturierte Form der Beratung. • ist ein langfristig und kontinuierlich angelegter Lern- und Entwicklungsprozess. • fördert die gegenseitige Unterstützung und die Bildung von Netzwerken. • basiert auf den Grundüberlegungen: Leistungsorientierung, Teamorientierung, Vertrauen und Offenheit. • will die Stärken von Personen weiterentwickeln, indem die Ressourcen eines Teams bzw. einer Organisation (Wissen, Erfahrungen) genutzt werden.
Wozu Kollegiale Fallberatung?	Kollegiale Fallberatung • ermöglicht die Bearbeitung konkreter Praxisfälle der TeilnehmerInnen. • unterstützt und motiviert die TeilnehmerInnen, Entscheidungs- und Spannungssituationen konstruktiv anzugehen und neue Wege auszuprobieren. • fördert die Reflexion des persönlichen Verhaltens und Problemverständnisses. • unterstützt die persönliche Entwicklung durch die Formulierung eines Schlüssel- bzw. Schwerpunktthemas für die individuelle Entwicklung.

Voraussetzungen

Gruppengröße	Ein Team kann 5-9 TeilnehmerInnen umfassen: • mindestens 5 TeilnehmerInnen: 1 FallgeberIn, 1 ModeratorIn, 3 BeraterInnen. • maximal 9 TeilnehmerInnen: 1 FallgeberIn, 1 ModeratorIn, 1 ProzessbeobachterIn, 1 SchreiberIn, 5 BeraterInnen.
Gruppenzusammensetzung	Ein optimales Team setzt sich aus TeilnehmerInnen zusammen, die • auf einer ähnlichen/gleichen Führungs-/Verantwortungsebene arbeiten. • aus möglichst unterschiedlichen Tätigkeitsfeldern/-bereichen stammen.

	• sich nicht zu nahe mit denselben Projekten/Situationen befassen und nicht zu nahe mit den im Fall beteiligten Personen zusammenarbeiten.
Turnus der Treffen	Die Methode kann einmalig eingesetzt werden. Besser ist aber ein regelmäßiges Treffen, um die Umsetzung von Lösungen und die persönliche Entwicklung zu unterstützen: • Das Team sollte die Möglichkeit haben, sich über einen begrenzten Zeitraum (6-12 Monate) regelmäßig (alle 4 bis 6 Wochen) für mindestens einen Tag (minimal 6 Stunden zur Durchführung mehrerer Fallbereitungen) zu treffen. • Ideal ist eine Folge von 6 Treffen von je 1 Tag im Abstand von 6 Wochen.
Zeitbedarf	Die Methode kann als Problemlösungsinstrument, z.B. im Rahmen einer Sitzung (90 Minuten), eingesetzt werden. Als Entwicklungsinstrument ist mehr Übung und damit Zeitbedarf erforderlich: • Vermittlung der Methode (Problemlösung, Rollen) und Vorbereitung der Fälle (Fragestellung, Visualisierung) dauern ca. 60 Minuten. • Pro Fallbesprechung werden ca. 90 Minuten benötigt. • Pro Tag können erfahrungsgemäß 4 bis max. 5 Fälle besprochen werden. • Gemeinsame Prozessreflexionen, die Besprechung allgemeiner, übergeordneter Themen können den Ablauf auflockern und abrunden.
Material	Je Gruppe sollte ein Raum mit • Stuhlkreis, • einer Flipchart, • zwei Pinnwänden (Bild und Notizen müssen sichtbar sein) und • Moderationsmaterial (Schreiber, Nadeln, Karten) zur Verfügung stehen.
Rollen	
	Der/die FallgeberIn wird durch ein Team unterstützt, in dem alle TeilnehmerInnen unterschiedliche Rollen erhalten. Die Rollentrennung ist ein entscheidender Erfolgsfaktor und gleichzeitig ein optimales Übungsfeld für Moderations-, Kommunikations-, Coaching- und Führungstechniken.

FallgeberIn	Der/die FallgeberIn will offen über seinen/ihren Fall sprechen und ist an einer Lösung interessiert. Der/die FallgeberIn • ist bereit, persönliche Schwierigkeiten und Gefühle zu äußern. • betrachtet sein/ihr eigenes Verhalten selbstkritisch. • nimmt die Vermutungen und Ideen der BeraterInnen als Anregungen auf. • rechtfertigt sich nicht, sondern stellt seine/ihre bisherige Sicht in Frage. • betrachtet das Problem aus einer neuen Perspektive. • leitet ein Schlüsselthema bzw. Maßnahmen für die persönliche Entwicklung ab.
ModeratorIn	Der/die ModeratorIn leitet die Gruppe und sichert so die methodische Problemlösung und konstruktive Zusammenarbeit. Merkpunkte ModeratorIn: • Die methodischen Schritte überwachen und sicherstellen. • Die Analysen, Ideen und Ergebnisse notieren/visualisieren. • Die Rollen der TeilnehmerInnen trennen und sichern. • Die Zeit einhalten. • Die Gruppe am Thema halten. • Alle TeilnehmerInnen einbeziehen. • Die Diskussionen strukturieren/zusammenfassen. • Für eine Balance zwischen »Ich«, »Wir« und »Thema« sorgen. • Die Kommunikationsregeln sichern und auf deren Verletzung reagieren. • Offene oder verdeckte Konflikte ansprechen und behandeln.
BeraterIn	Die BeraterInnen • stellen Fragen und akzeptieren das gegebene Problem. • äußern ihre Wahrnehmung, Eindrücke, Vermutungen, Analysen offen/ehrlich. • äußern ihre Gefühle und Empfindungen und vermitteln so dem/der FallgeberIn eine »andere« Sichtweise auf sein/ihr Problem.

	• zeigen Zusammenhänge auf und ermöglichen so einen »anderen« Zugang zum Problem, zu neuen Handlungsweisen und weiteren Lösungsmöglichkeiten.
Prozess-beobachterIn	Je nach Gruppengröße und Erfahrungsstand kann auf die Prozessbeobachtung verzichtet werden. Auf jeden Fall sollte als Abschluss der Problemlösung eine gemeinsame Prozessreflexion über die Zusammenarbeit gemacht werden. Der/die ProzessbeobachterIn • beobachtet das Team während der Problemlösung. • macht sich Notizen über seine/ihre Beobachtungen/Eindrücke. • greift nicht in den Ablauf ein. • beteiligt sich nicht an der Beratung • konzentriert sich auf alle TeilnehmerInnen und ihre Rollen. • gibt als Abschluss allen TeilnehmerInnen ein persönliches Feedback. • trägt zu einer Verbesserung der Zusammenarbeit und dem gemeinsamen Lernen bei. Leitfragen ProzessbeobachterIn: • Wie steuert der/die ModeratorIn den Ablauf? (Zeit, Methode, Visualisierung) • Wie unterstützen die BeraterInnen den/die FallgeberIn? (Fragen, Hypothesen, provokative Sichtweisen, Lösungen) • Wer dominiert in der Gruppe? Wer hält sich zurück? (Beteiligung) • Wie geht die Gruppe mit »Durchhängern«, Problemen, Konflikten und schwierigen Themen um? • Gibt es eine Balance zwischen Sach- und Beziehungsebene? • Wer verletzt Spielregeln? Wie reagiert die Gruppe darauf? • Werden die Prinzipien von »Wahrheit«, »Vertrauen« und »Verantwortung« in der Gruppe gelebt?
SchreiberIn	Diese Aufgabe wird i.d.R. durch den/die ModeratorIn ausgeführt. Der/die SchreiberIn • notiert alle Eindrücke und Ideen möglichst ausführlich, ohne abzukürzen, zu verfälschen, abzuschwächen oder

	zu verändern. • kann den/die ModeratorIn entlasten. • übernimmt eine wichtige, aber undankbare Rolle.

Ablauf »Kollegiale Fallberatung«

Vorbereitung 30 Minuten	1. Der/die **FallgeberIn erstellt ein »Bild«** (Flipchart, Querformat) der Situation, das • eine zeichnerische Darstellung als Metapher/Analogie/Symbol ist. • die aktuelle Spannungssituation, das Kräftefeld, das subjektive Empfinden (Gefühle, Erwartungen usw.) ausdrückt. • alle wichtigen Personen (auch der/die FallgeberIn selbst) und ihre Rollen, Funktionen, Problematik darstellt. • bewusst verfremdet und deshalb auf Namen und Bezeichnungen verzichtet. 2. Die **TeilnehmerInnen** einigen sich auf eine **Aufgaben-/Rollenverteilung**: • FallgeberIn • ModeratorIn • BeraterInnen • ProzessbeobachterIn.
1. Fall-beschreibung (15 Minuten)	1. Der/die **FallgeberIn** • beschreibt seine/ihre aktuelle Situation (z.B. Führungs- bzw. Projektsituation) anhand des »Bildes« und ergänzt evtl. weitere Elemente. • äußert seine/ihre Gedanken, Gefühle, Schwierigkeiten, Erwartungen, Ziele, Hoffnungen. • formuliert das Spannungsfeld, in dem er/sie beraten werden möchte, um die Situation zu verändern bzw. sich weiterzuentwickeln. Leitfragen Situationsbeschreibung: • Wie erlebe ich die Situation? • Was ist meine Rolle in der Situation? • Was sind meine Ziele und Wünsche? • Was sind meine Gedanken und Gefühle? • Wie hat sich die Situation entwickelt/verändert? • Wie bin ich mit den Problemen umgegangen? • Was haben meine Maßnahmen ausgelöst?

	• In welchen Punkten möchte ich beraten werden? 2. Die **BeraterInnen** • stellen gezielte Verständnisfragen um den Fall zu verstehen (»W-Fragen«). • vermeiden Details, Namen, Funktionsbezeichnungen und Suggestivfragen. • geben keine Meinungen/Erklärungen ab. • erteilen keine Ratschläge. • äußern keine vorschnellen Lösungen.
2. Analyse, Hypothesen (20 Minuten)	1. Der/die **FallgeberIn schweigt** (wendet sich evtl. ab und hört zu). 2. Die **BeraterInnen** • spiegeln ihren ersten Eindruck, ihre eigene Wahrnehmungen und Gefühle zurück. • äußern Vermutungen, stellen Hypothesen auf und zeigen Zusammenhänge auf. • ermöglichen dem/der FallgeberIn, seinen/ihren Fall aus einer anderen Sichtweise bzw. tieferen Perspektive zu sehen. • stellen das Verhalten des/der FallgeberIn bzw. dessen/deren persönlichen Anteil als »MitverursacherIn« bewusst in den Vordergrund. • machen keine Vorwürfe, sind nicht besserwisserisch oder inquisitorisch. Leitfragen Analyse, Hypothesen: • Was zeigt sich im »Bild«, dem Fall? • Was zeigt sich im Verhalten des/der FallgeberIn? • Welche Gedanken, Ideen, Bilder löst dies bei mir aus? • Welche Eindrücke und Vermutungen habe ich? • Welche Vermutungen, Ursachen, Zusammenhänge sehe ich?
3. Zieldefinition, Schlüsselthema (10 Minuten)	Der/die **FallgeberIn** • bewertet die Analyse bzw. Hypothesen kurz. • äußert sich zu neuen Erkenntnissen. • fasst das »neu erkannte« Problem zusammen. • formuliert ein persönliches Schlüsselthema für sein/ihre Vorgehen und seine/ihre Entwicklung. Zieldefinition, Schlüsselthema: »Wie könnte ich erreichen, dass ...«

	• fokussiert auf die persönliche Kernfrage des/der FallgeberIn. • formuliert eine Perspektive, die für die/die FallgeberIn erreichbar ist. • ist positiv und in »Ich-Form« formuliert. • stellt das Verhalten/die Handlungsmöglichkeiten des Fallgebers/der FallgeberIn in den Vordergrund. • ist stärken-, ressourcen-, leistungs- und handlungsorientiert formuliert. Die **BeraterInnen** • unterstützen den/die FallgeberIn bei der Formulierung. • konkretisieren und problematisieren die Schwerpunkte. • stellen das persönliche Verhalten bzw. den mitverursachten Anteil in den Vordergrund. • stellen sicher, dass alle das Schlüsselthema akzeptieren und verstehen.
4. Lösungen, Ideen (20 Minuten)	1. Die **BeraterInnen** sammeln Lösungsvorschläge und -ideen. • formulieren motivierende Lösungsansätze. • Merkpunkte »Brainstorming«: • Die Lösungen können kreativ, ausgefallen sein. • Die Lösungen werden nicht bewertet. • Die Lösungen werden nicht diskutiert, sondern nur weiterentwickelt. 2. Der/die **FallgeberIn schweigt** (wendet sich evtl. ab und hört zu).
5. Entscheidung, Maßnahmen (10 Minuten)	1. Der/die **FallgeberIn** • nimmt kurz Stellung zu den Lösungsvorschlägen, ohne sie ausführlich zu bewerten: Was ist neu? Was bereits probiert?. • konkretisiert einzelne Möglichkeiten und bittet die BeraterInnen um Erfahrungen und Tipps. • entwickelt zwei konkrete Maßnahmen. • verpflichtet sich, diesen Aktionsplan umzusetzen. »Probehandeln«: Nach Bedarf können z.B. Gespräche im Team geübt werden. 2. Die **BeraterInnen** unterstützen mit eigenen Erfahrungen.
6. Probehandeln	Das Probehandeln in Form der Simulation von Gesprächsverläufen, in Form von Rollenspielen etc. ist nicht zwin-

	gend erforderlich. Die Durchführung erhöht zwar die Sicherheit des Fallgebers in der Problemlösungssituation. Allerdings erhöht sich auch der zeitliche Aufwand einer Kollegialen Fallberatung und die Anforderungen an die methodischen Kompetenzenden des Teams.
7. Prozess-Reflexion (15 Minuten)	Das **Team** bewertet den Prozess der Problemlösung. Die TeilnehmerInnen bewerten drei Fragen unabhängig voneinander (1 Punkt = ungenügend/10 Punkte = hervorragend) und diskutieren ihre Einschätzung. Leitfragen Teambewertung: • Das Ergebnis: Wie zufrieden bin ich mit dem erreichten Ergebnis? • Unsere Zusammenarbeit: Wie zufrieden bin ich mit unserer Zusammenarbeit? • Mein Beitrag: Wie zufrieden bin ich mit meinem Beitrag zum Ergebnis? Der/die **ProzessbeobachterIn** gibt dem Team und den einzelnen TeilnehmerInnen ein persönliches Feedback. Das Team **lernt** daraus und vereinbart konkrete **Verbesserungsmaßnahmen**: Leitfragen Prozessreflexion: • Wie hat das Team den Ablauf eingehalten? • Wie haben die TeilnehmerInnen ihre Rollen bzw. Aufgaben ausgefüllt? • Wie wurde das Schlüsselthema erarbeitet und weiter verfolgt? • Wie haben sie den/die FallgeberIn unterstützt? • Wie könnte die Zusammenarbeit verbessert werden?
8. Umsetzung	Entscheidend sind in der Umsetzung: • Einhaltung des Aktionsplanes • Fortschritte der Maßnahmenumsetzung überwachen (Controlling). • Erfolge, Misserfolge identifizieren und auswerten (Lernen).
9. Folgetreffen/Review	In einem Folgetreffen können die bisherigen Problemfelder wieder aufgenommen, aktualisiert und weiterentwikkelt werden. Der Fallgeber bereitet dazu eine Einleitung (10 Minuten) vor: **Rückblick:** • Was war meine Situation? (»Bild zeigen« und evtl. aktualisieren)

- Was habt ihr mir damals gesagt, geraten?
- Was war mein Schlüsselthema? Was war mein Entwicklungsziel?
- Was waren meine Maßnahmen? Welche Erfahrungen habe ich gemacht?

Entwicklung:

- Was ist passiert? Wie hat sich die Situation verändert?
- Was ist in mir vorgegangen (Gedanken, Gefühle)?
- Wie sehe ich die Situation heute? (Rückblick)
- Was war gut, was weniger gut? (Erfahrungen, Lernen)
- Welche Fragen habe ich heute an euch? Wo möchte ich beraten werden?

Lukas Vonesch/Ralf Kopp

Rollenbeschreibung und Regieanweisung

Diese Materialien sind im Zusammenhang der Kollegialen Fallberatung nach Kopp/Vonesch entwickelt worden. Sie können bei der Durchführung der Kollegialen Fallberatung an die jeweiligen Rollenträger verteilt werden und geben diesen in jeder Phase des Beratungsprozesses Rollensicherheit und Orientierung.

Rollenbeschreibung und Regieanweisung FallgeberIn

Rolle	Der/die FallgeberIn: – will offen über seinen/ihren Fall sprechen und ist an einer Lösung interessiert; – ist bereit, persönliche Schwierigkeiten und Gefühle zu äußern: – betrachtet sein/ihr eigenes Verhalten selbstkritisch; – nimmt die Vermutungen und Ideen der BeraterInnen als Anregungen auf; – rechtfertigt sich nicht, sondern stellt seine/ihre bisherige Sicht in Frage; – betrachtet das Problem aus einer neuen Perspektive; – leitet ein Schlüsselthema bzw. Maßnahmen für die persönliche Entwicklung ab.
Vorbereitung	Der/die FallgeberIn: – erstellt ein »Bild« (Flipchart, Querformat) der Situation, das eine zeichnerische Darstellung als Metapher/Analogie/Symbol beschreibt, und die aktuelle Spannungssituation, das Kräftefeld berücksichtigt bzw. das subjektive Empfinden (Gefühle, Erwartungen usw.) ausdrückt; – stellt alle wichtigen Personen (auch der/die FallgeberIn selbst) und ihre Rollen, Funktionen, Problematik dar; – verzichtet auf Namen und Bezeichnungen.
1. Situations-beschreibung	Der/die FallgeberIn – beschreibt seine/ihre aktuelle Situation (z.B. Führungs- bzw. Projektsituation) anhand des »Bildes« und ergänzt evtl. weitere Elemente. – äußert seine/ihre Gedanken, Gefühle, Schwierigkeiten, Erwartungen, Ziele, Hoffnungen. – formuliert das Spannungsfeld, in dem er/sie beraten werden möchte, um die Situation zu verändern bzw. um sich weiterzuentwickeln. *Leitfragen Situationsbeschreibung:* Wie erlebe ich die Situation? Was ist meine Rolle in der Situation?

	Was sind meine Ziele und Wünsche? Was sind meine Gedanken und Gefühle? Wie hat sich die Situation entwickelt/verändert? Wie bin ich mit den Problemen umgegangen? Was haben meine Maßnahmen ausgelöst? In welchen Punkten möchte ich beraten werden?
2. Analyse/ Hypothesen	Der/die FallgeberIn schweigt (wendet sich evtl. ab und hört zu).
3. Zieldefinition Schlüsselthema	Der/die FallgeberIn: – bewertet die Analyse bzw. Hypothesen kurz; – äußert sich zu neuen Erkenntnissen; – fasst das »neu erkannte« Problem zusammen; – formuliert ein persönliches Schlüsselthema für sein/ihre Vorgehen und seine/ihre Entwicklung; – fokussiert auf seine persönliche Kernfrage: »Wie könnte ich erreichen, dass ...«; – formuliert eine Perspektive, die erreichbar ist; – stellt Verhalten/Handlungsmöglichkeiten in den Vordergrund; – formuliert stärken-, ressourcen-, leistungs- und handlungsorientiert.
4. Lösungen/ Ideen	Der/die FallgeberIn schweigt (wendet sich evtl. ab) und hört zu.
5. Entscheidungen/ Maßnahmen	Der/die FallgeberIn: – nimmt kurz Stellung zu den Lösungsvorschlägen, ohne sie ausführlich zu bewerten: Was ist neu? Was bereits probiert? – konkretisiert einzelne Möglichkeiten und bittet die BeraterInnen um Erfahrungen und Tipps; – entwickelt zwei konkrete Maßnahmen; – verpflichtet sich, diesen Aktionsplan umzusetzen.
6. Probehandeln	fakultativ
7. Prozess-reflexion im Team	Das Team bewertet den Prozess der Problemlösung. Die TeilnehmerInnen bewerten drei Fragen unabhängig voneinander (1 Punkt = ungenügend/10 Punkte = hervorragend) und diskutieren ihre Einschätzung.

Leitfragen Teambewertung:

Das Ergebnis: Wie zufrieden bin ich mit dem erreichten Ergebnis?

Unsere Zusammenarbeit: Wie zufrieden bin ich mit unserer Zusammenarbeit?

Mein Beitrag: Wie zufrieden bin ich mit meinem Beitrag zum Ergebnis?

Rollenbeschreibung und Regieanweisung Berater

Rolle	Die BeraterInnen: – stellen Fragen und akzeptieren das gegebene Problem; – äußern ihre Wahrnehmung, Eindrücke, Vermutungen, Analysen offen/ehrlich; – äußern ihre Gefühle und Empfindungen und vermitteln so dem/der FallgeberIn eine »andere« Sichtweise auf sein/ihr Problem; – zeigen Zusammenhänge auf und ermöglichen so einen »anderen« Zugang zum Problem, zu neuen Handlungsweisen und weiteren Lösungsmöglichkeiten.
1. Situations-beschreibung	Die BeraterInnen: – stellen gezielte Verständnisfragen um den Fall zu verstehen (»W-Fragen«); – vermeiden Details, Namen, Funktionsbezeichnungen und Suggestiv-Fragen; – geben keine Meinungen/Erklärungen ab; – erteilen keine Ratschläge; – äußern keine vorschnellen Lösungen.
2. Analyse/ Hypothesen	Die BeraterInnen: – spiegeln ihren ersten Eindruck, ihre eigene Wahrnehmungen und Gefühle zurück; – äußern Vermutungen, stellen Hypothesen auf und zeigen Zusammenhänge auf; – ermöglichen dem/der FallgeberIn, seinen/ihren Fall aus einer anderen Sichtweise bzw. tieferen Perspektive zu sehen; – stellen das Verhalten des/der FallgeberIn bzw. dessen/deren persönlichen Anteil als »MitverursacherIn« bewusst in den Vordergrund; – machen keine Vorwürfe, sind nicht besserwisserisch oder inquisitorisch. *Leitfragen Analyse, Hypothesen:* Was zeigt sich im »Bild«, dem Fall? Was zeigt sich im Verhalten des/der FallgeberIn? Welche Gedanken, Ideen, Bilder löst dies bei mir aus?

	Welche Eindrücke und Vermutungen habe ich? Welche Vermutungen, Ursachen, Zusammenhänge sehe ich?
3. Zieldefinition/ Schlüsselthema	Die BeraterInnen: – unterstützen den/die FallgeberIn bei der Formulierung; – konkretisieren und problematisieren die Schwerpunkte; – stellen das persönliche Verhalten bzw. den mitverursachten Anteil in den Vordergrund; – stellen sicher, dass alle das Schlüsselthema akzeptieren und verstehen.
4. Lösungen/ Ideen	Die BeraterInnen: – sammeln Lösungsvorschläge und -ideen; – formulieren motivierende Lösungsansätze; *Merkpunkte »Brainstorming«:* Die Lösungen können kreativ, ausgefallen sein. Die Lösungen werden nicht bewertet. Die Lösungen werden nicht diskutiert, sondern nur weiterentwickelt.
5. Entscheidungen/ Maßnahmen	Die BeraterInnen unterstützen mit eigenen Erfahrungen.
6. Probehandeln	fakultativ
7. Prozess-reflexion im Team	Das Team bewertet den Prozess der Problemlösung. Die TeilnehmerInnen bewerten drei Fragen unabhängig voneinander (1 Punkt = ungenügend/10 Punkte = hervorragend) und diskutieren ihre Einschätzung. *Leitfragen Teambewertung:* Das Ergebnis: Wie zufrieden bin ich mit dem erreichten Ergebnis? Unsere Zusammenarbeit: Wie zufrieden bin ich mit unserer Zusammenarbeit? Mein Beitrag: Wie zufrieden bin ich mit meinem Beitrag zum Ergebnis?

Rollenbeschreibung und Regieanweisung Prozessbeobachter

Rolle	Je nach Gruppengröße und Erfahrungsstand kann auf die Prozessbeobachtung verzichtet werden. Auf jeden Fall sollte als Abschluss der Problemlösung eine gemeinsame Prozessreflexion über die Zusammenarbeit gemacht werden. Der/die ProzessbeobachterIn: – beobachtet das Team während der Problemlösung; – macht sich Notizen über seine/ihre Beobachtungen/ Eindrücke; – greift nicht in den Ablauf ein; – beteiligt sich nicht an der Beratung; – konzentriert sich auf alle TeilnehmerInnen und ihre Rollen; – gibt als Abschluss allen TeilnehmerInnen ein persönliches Feedback; – trägt zu einer Verbesserung der Zusammenarbeit und dem gemeinsamen Lernen bei. *Leitfragen ProzessbeobachterIn:* Wie steuert der/die ModeratorIn den Ablauf? (Zeit, Methode, Visualisierung) Wie unterstützen die BeraterInnen den/die FallgeberIn? (Fragen, Hypothesen, provokative Sichtweisen, Lösungen) Wer dominiert in der Gruppe? Wer hält sich zurück? (Beteiligung) Wie geht die Gruppe mit »Durchhängern«, Problemen, Konflikten und schwierigen Themen um? Gibt es eine Balance zwischen Sach- und Beziehungsebene? Wer verletzt Spielregeln? Wie reagiert die Gruppe darauf? Werden die Prinzipien von »Wahrheit«, »Vertrauen« und »Verantwortung« in der Gruppe gelebt?
7. Prozessreflexion im Team	Der/die ProzessbeobachterIn gibt dem Team und den einzelnen TeilnehmerInnen ein persönliches Feedback. Das Team lernt daraus und vereinbart konkrete Verbesserungsmaßnahmen.:

Leitfragen Prozessreflexion:

Wie hat das Team den Ablauf eingehalten?

Wie haben die TeilnehmerInnen ihre Rollen bzw. Aufgaben ausgefüllt?

Wie wurde das Schlüsselthema erarbeitet und weiterverfolgt?

Wie haben sie den/die FallgeberIn unterstützt?

Wie könnte die Zusammenarbeit verbessert werden?

Rollenbeschreibung und Regieanweisung Moderator/Schreiber

Rolle	*Der/die ModeratorIn* leitet die Gruppe und sichert so die methodische Problemlösung und konstruktive Zusammenarbeit. *Merkpunkte ModeratorIn:* – Die methodischen Schritte überwachen und sicherstellen; – Die Analysen, Ideen und Ergebnisse notieren/visualisieren; – Die Rollen der TeilnehmerInnen trennen und sichern; – Die Zeit einhalten; – Die Gruppe am Thema halten; – Alle TeilnehmerInnen einbeziehen; – Die Diskussionen strukturieren/zusammenfassen; – Für eine Balance zwischen »Ich«, »Wir« und »Thema« sorgen; – Die Kommunikationsregeln sichern und auf deren Verletzung reagieren; – Offene oder verdeckte Konflikte ansprechen und behandeln; *Der/die SchreiberIn:* – notiert alle Eindrücke und Ideen möglichst ausführlich, ohne abzukürzen, zu verfälschen, abzuschwächen oder zu verändern; – kann den/die ModeratorIn entlasten; – übernimmt eine wichtige aber undankbare Rolle.
7. Prozess-reflektion im Team	Nach Fallgeber und Berater bewertet der Moderator den Prozess.

Zehn Goldene Regeln der Kollegialen Fallberatung

1. Achten Sie darauf, dass die Infrastruktur stimmt. Der Initiator der Fallberatung (i.d.R. der Fallgeber oder der Moderator) sollte sicherstellen, dass die Infrastruktur (Aufbau von Metaplanwänden, Metaplanmaterial, Flipchart, ggf. Overheadprojektor für die Präsentation eines Bildes oder einer Grafik) für eine Kollegiale Fallberatung vorhanden ist. Falls aufgrund fehlender Ausrüstung (z.B. keine Flipcharts vorhanden) »improvisiert« werden muss, sollte geklärt sein, wie die jeweiligen Dinge ersetzt werden können.

2. Achten Sie auf die Qualität der Fälle. Die Qualität der Fälle stellt einen zentralen Erfolgsfaktor dar. Die Fälle sollten so gewählt sein, dass der Ausgang noch offen ist. Wenn es um Lerneffekte geht (Was hätte ich anders machen können?), kann auch ein kürzlich zurückliegendes Problem behandelt werden. Der Fallgeber sollte sich bei der von Vonesch/Kopp dargestellten Vorgehensweise unbedingt angemessen vorbereiten und gut überlegen, was er wie in dem ihm zur Präsentation seines Falles zur Verfügung stehenden Zeitraum darstellt. Er sollte für sich klären, ob es sich eher um ein sachliches oder eher um ein persönliches Problem handelt, und eine angemessene Visualisierung überlegen. Hiervon unterscheiden sich Varianten, die ein unvorbereitetes Eintreten in den Beratungsprozess präferieren. Der Fall sollte so gewählt werden, dass er prinzipiell lösbar ist (keine Dilemmata vortragen).

3. Vertrauen in das Beratungsteam ist wichtig. Das Beratungsteam sollte so zusammengesetzt sein, dass eine Vertrauensbasis vorhanden ist. Je vertrauensvoller die Zusammenarbeit, desto persönlichere Fallschilderungen sind bearbeitbar. Allerdings entscheidet der Fallgeber, welchen Fall er einbringt und er wird diesen immer so wählen, dass er der Vertrauenssituation angepasst ist. So kann durchaus in Zusammenhängen, in denen man sich nicht gut kennt (bspw. in einem Arbeitskreis aus Personalentwicklern verschiedener Betriebe), sehr produktiv mit der Kollegialen Fallberatung gearbeitet werden. Sicherlich werden hier keine sensiblen Betriebsinterna zur Diskussion gestellt, aber es gibt genügend andere Problemfälle, die Gewinn bringend bearbeitet werden können.

4. Achten Sie auf Rollentrennung. Das Team arbeitet nur produktiv, wenn jede Rolle kompetent ausgefüllt wird. Konzentrieren Sie sich auf Ihre Rolle in den jeweiligen Phasen. (Hierzu können Sie die Rollen- und Regieanweisungen nutzen.) Obwohl es verlockend ist: Moderatoren/Schreiber und Prozessbeobachter sind keine Berater und sollten sich dementsprechend zurückhalten.

5. Belehren Sie den Fallgeber nicht. Der Fallgeber soll nicht »eines Besseren belehrt werden«. Es ist nicht Aufgabe der Berater zu entscheiden, ob sich der Fallgeber »richtig« oder »falsch« verhalten hat. Sie sollten auch nicht demonstrieren, wie souverän sie in einer ähnlichen Situation reagiert hätten, sondern das konkrete Problem des Fallgebers annehmen und sich auf dessen Lösung konzentrieren. Dabei sollten die Berater so miteinander diskutieren, dass nicht jeder »seinen« Beitrag bzw. »seine« Vorschläge favorisiert, sondern dass sich auch die Berater untereinander wechselseitig stimulieren und aufeinander eingehen. Die Beiträge der Berater sollten nicht durch diese selbst kommentiert werden. Dieses Privileg genießt der Fallgeber!

6. Seien Sie offen für neue Sichtweisen. Offenheit ist ein bedeutsames Prinzip im Prozess der Kollegialen Fallberatung. Dies gilt sowohl für die Berater als auch für den Fallgeber. Insbesondere Letzterer sollte nicht die Haltung haben, »dass alles ohnehin nichts bringt«, sondern versuchen, das »Neue« in den Vorschlägen zu entdecken und sich durch Anregungen bereichern zu lassen.

7. Eilen Sie dem Beratungsprozess nicht voraus. Jede Phase hat ihre Funktion! Ein häufiger Fehler ist es, dass bereits zu Anfang des Beratungsprozesses Lösungsvorschläge gemacht werden, anstatt sich auf die Ursachensuche und Hypothesenbildung einzulassen. Es kommt aber gerade darauf an, dass zunächst ein breites Feld von Möglichkeiten eröffnet wird und nicht vorschnell Verengungen vorgenommen werden. Halten Sie sich an die Systematik: Erst analysieren, dann saubere Herausarbeitung des persönlichen Schlüsselthemas des Fallgebers (Wie kann ich erreichen, dass ...?) und schließlich Lösungsentwicklung und Maßnahmenklärung.

8. Achten Sie auf Zeitdisziplin. Beachten Sie die gesetzten Zeiten. (Sie können die Fallberatung insgesamt kürzer oder länger gestalten. Allerdings sollten Sie mit klaren Zeitvorgaben arbeiten. Die Fallberatung nach Kopp/Vonesch oder Galler arbeitet systematisch mit Zeitdruck. Die einzelnen

Phasen sind knapp zu halten. Bleiben Sie nicht an einzelnen Punkten »hängen«. Für eine gute Fallberatung reichen max. 1,5 Stunden, auch wenn noch viel zu sagen wäre.

9. Vereinbaren Sie konkrete Maßnahmen. In der von Kopp/Vonesch und Galler vertretenen Variante der Kollegialen Fallberatung geht es darum, konkrete Maßnahmen zu entwickeln. Der Fallgeber sollte darlegen können, mit welchen Schritten er beginnen will das Problem zu lösen. (Andere Varianten beschreiben die Kollegiale Fallberatung eher als einen Anregungsprozess, bei dem offen bleibt, welche Konsequenzen der Fallgeber daraus zieht.). Auch sollte geklärt werden, ob und ggf. wann ein Review gewünscht wird.

10. Entwickeln Sie die Fallberatungsqualität weiter. Versäumen Sie nicht, die Schlussreflexion durchzuführen. Die Schlussreflexion durch das Team und den Prozessbegleiter ermöglicht es, Schwächen des Beratungsprozesses zu optimieren. Sie spiegelt jedoch auch wieder, wer aus welchen Gründen wie zufrieden mit dem Beratungsergebnis ist. Dabei zeigt sich oft, dass der Fallgeber zufriedener ist als die Berater, die meinen, ihre Ratschläge seien nicht wirklich fruchtbar gewesen.

Zur Weiterentwicklung der Fallberatungsarbeit gehört auch ihr mehr oder weniger regelmäßiger Einsatz, so dass jeder in der Lage ist, unterschiedliche Rollen auszuüben (Rollenflexibilität), damit die Aufmerksamkeit nicht auf die Methode, sondern voll auf den Fall gerichtet werden kann.

Zertifizierte Schulung **Kollegiale Fallberatung für die Praxis***

Kollegiale Fallberatung – Gesprächs- und Handlungsstruktur zur Entwicklung effizienter und tragfähiger Problemlösungen

Thema: **Kollegiale Fallberatung** Teilnehmerzahl: 7 Personen

Fortbildungsverpflichtung: Die Fortbildung ist an der betrieblichen Situation orientiert. Sie erfordert von den Teilnehmern die Bereitschaft, aus ihrem Berufsfeld zu berichten. Die Teilnehmer erlernen die verschiedenen Arbeitsparts der Beratung, Fallgebung und die Leitung der Gruppe, indem sie diese in der Fortbildungsphase selbsthandelnd unter Anleitung übernehmen.

Konzeption der Ausbildung

Durchführung: Die Teilnehmer werden in 8 Sitzungen in 4 Modulen ausgebildet

Inhalte der modularen Konzeptionierung

In jedem Modul wird das Verfahren der KFB an Hand von Praxisfällen der Teilnehmer in den wechselnden Positionen (Fallgeber/Fallberater/Moderator/Prozessbeobachter) angewandt.

Modul 1 Grundlagen der Kollegialen Fallberatung	Modul 2 Selbst-Anwendung und Techniken der KFB	Modul 3 Didaktik und Methodik der Einführung in die KFB	Modul 4 Sicherung der Nachhaltigkeit und des Transfers
Problem und Problemdefinition Erkennen und Festlegen von Gesprächszielen Gesprächsführung/-techniken/-haltung Ablauf der KFB Evaluation der KFB-Sitzung	Planung von Beratungssequenzen Hypothesenbildung/Kernsätze Gesprächssimulation Feedback Visualisierungen Evaluationsformen	Fortbildungs-Didaktik und -methodik Moderationsgrundlagen Konferenzen führen Vereinabrungen visualisieren Übertragung des Beratungsprinzips auf weitere betriebliche Besprechungsformen Team /	Umgang mit Konflikten Implementation in die betriebliche Kultur Nachhaltigkeit u. Wirksamkeit Transfersicherung Beratung zur Fortbildungs-Planung

Teilnehmermaterialien: Fachliteratur; Gesprächsleitfaden zur Selbstanwendung, spezielle zur Durchführung, Planung, Leitung, Asuwertung der KFB-Sitzungen

*Aktuelle Angebote: www.sfs-dortmund.de

Autorenverzeichnis

Billing, Boris; Jg. 1965, MZSG Managing Partner, Senior Consultant und Projektleiter am Management Zentrum St. Gallen. Arbeitsschwerpunkte sind im Schulungs- und Beratungskontext die Themen Führung und Führungssysteme, Management Development, Konzeption und Implementierung von Veränderungsprozessen in Unternehmen und Change Support (boris.billing@mzsg.ch)

Dr. Franz, Hans-Werner; Jg. 1947, Senior Researcher und Berater, Mitglied der Gemeinsamen Leitung am Landesinstitut Sozialforschungsstelle Dortmund als Geschäftsführer von soziale innovation research & consult GmbH. Wichtigste Fachgebiete: Entwicklung von Systemen und Organisationen beruflicher Aus- und Weiterbildung (Europa, national, regional, betrieblich); Humanressourcen-Entwicklung, Organisationsentwicklung (Unternehmen und Arbeit), kooperative Arbeitssysteme, Qualitätsmanagement (vorwiegend nach EFQM), soziales Krisenmanagement, Arbeitsmarkt- und Regionalentwicklung, v.a. in altindustriellen Regionen (franz@sfs-dortmund.de)

Galler, Klaus; Jg. 1949, Mitglied der Geschäftsführung MZSG (Management Zentrum St. Gallen), Arbeitsschwerpunkte: Management Development, Change Management (klaus.galler@mzsg.ch)

Heinold-Krug, Eva; Jg. 1955, arbeitet als Organisationsberaterin mit den Schwerpunkten Qualitätsmanagement und Kommunikation/ Konfliktmanagement sowie als Coach für Führungskräfte in Profit- und Non-profit-Unternehmen, bis Ende 2001 als Wissenschaftliche Mitarbeiterin am Deutschen Institut für Erwachsenenbildung (eva.heinold-krug@main-rheiner.de)

Höher, Peter; Dipl.-Päd./ Supervisor, ist Personal- und Organisationsentwickler und Inhaber der Unternehmensberatung »hoeher! Team für Organisationsberatung – Personalentwicklung – Diversity Management«. Zuvor arbeitete er u.a. als Mitglied der Geschäftsleitung der Kienbaum Management Consultants GmbH Gummersbach/Düsseldorf. Seine Arbeitsfelder sind Change Management/Organisationsentwicklung, Training/Coaching, Supervision und Konfliktmanagement (info@hoeher-team.de)

Dr. Kopp, Ralf; Jg. 1961, leitet den Forschungsbereich »Organisationsentwicklung und Beratung in der Netzwerkökonomie« am Landesinstitut Sozialforschungsstelle Dortmund. Er hat zahlreiche Forschungs- und Beratungsprojekte in Unternehmen durchgeführt und dort in den verschiedensten Kontexten die Kollegiale Fallberatung eingesetzt (kopp@sfs-dortmund.de)

Rimmasch, Thomas; Jg. 1954; arbeitet als Beauftragter verschiedener Bezirksregierungen in NRW in den Bereichen Supervision und Coaching von Schulleitungen sowie der Konfliktberatung; leitet nationale wie internationale Schulleitungs- und Lehrerfortbildungen und vermittelt das Verfahren der Kollegiale Fallberatung in Schulleitungs- und Kollegiumsfortbildungen sowie in betrieblichen Kontexten (thomasrimmasch@web.de)

Veith, Thorsten; Jg. 1975, Studium der Sozial- und Verhaltenswissenschaften an der Universität Heidelberg und am Institut d'Etudes Politiques de Paris. Mitarbeiter am Institut für systemische Beratung, Wiesloch, von Dr. Bernd Schmid. Aktuelle Interessen- und Arbeitsschwerpunkte: Entwicklung von Lernkultur in der Erwachsenen- und Weiterbildung durch Formen der kollegialen Beratung und Supervision als moderne Lehr- und Lernformen (veith@systemische-professionalitaet.org)

Vonesch, Lukas; Jg. 1963, ist stellvertretender Leiter der Abteilung Human Resources im IT- und Operationsbereich eines internationalen Finanzdienstleistungsunternehmens. Zuvor war er u.a. Projektleiter in einem internationalen Unternehmen des Management Consulting und der Management Education.

Weinmann, Claudia; Jg. 1953, Mitarbeiterin bei Siemens Qualification and Training SQT im Bereich People, Communication Tools, Trainerin und Beraterin. Arbeitsschwerpunkte: Teamentwicklung, Train the Trainer, Kommunikation, Moderation, Coaching (claudia.weinmann@sqt.siemens.de)

William Isaacs

DIALOG ALS KUNST GEMEINSAM ZU DENKEN

Die neue Kommunikationskultur für Organisationen

ISBN 3-89797-011-2 / 336 Seiten

»Wo Mitarbeiter nicht nur anders handeln, sondern anders denken lernen sollen, sind übergreifende Veränderungsprogramme notorisch ineffektiv«

»Der Grundlagentitel zum Dialogbegriff in Beratung und Alltag«

Edgar Schein

»In unserer Arbeit haben wir immer wieder die paradoxe Beobachtung gemacht, dass Durchbrüche in der Entwicklung von Organisationen sowohl fundamentale Veränderungen auf der persönlichen Ebene wie auch auf der organisatorischen Ebene voraussetzen, und ich kann mir kein anderes Buch vorstellen, das dieses Paradox deutlicher, verständlicher und nutzbringender darlegt. Und ich mache mir jetzt keine Sorgen mehr um die praktische Umsetzbarkeit von Dialog: Die Leute, die in den Beispielen dieses Buchs vorgestellt werden, sind praktisch orientierte Manager, Führungskräfte aus einigen der bedeutendsten Unternehmen der Welt.«

Peter Senge

Barbara Heimannsberg / Christoph Schmidt-Lellek (Hg.)

INTERKULTURELLE BERATUNG UND MEDIATION

ISBN 3-89797-007-4 / 260 Seiten

Der Band des erfolgreichen Herausgeberteams umfasst das Spektrum interkultureller Fragestellungen, mit denen sich heute Menschen mit bikulturellen Wurzeln, Paare und Familien, multikulturelle Teams und Projektgruppen, Organisationen und Verwaltungen konfrontiert sehen.

Als Autoren wurden Fachleute aus unterschiedlichen Arbeitsbereichen gewonnen, die aus verschiedenen nationalen und kulturellen Perspektiven theoretische wie praktische Ausblicke eröffnen. Es wird ein Konzept von interkultureller Beratung, Mediation und Prozessbegleitung vorgestellt, das die zunehmende kulturelle Vielfalt in den Industrieländern nicht als Problem begreift, sondern zur produktiven Bewältigung und Entfaltung des Entwicklungspotentials für Lernprozesse, sozialen Wandel und Integrationsleistung nutzt.

Kulturelle Variablen finden in Praxisanalysen und Steuerungskonzepten Beachtung, und Synergien und kreative Verbindungen werden im Spannungsfeld zwischen kulturellem Selbstbewusstsein und Anpassung entwickelt.

Reflektierte Modelle und Erfahrungen aus der Praxis für die Praxis beschreiben Autoren aus den unterschiedlichen Praxisfeldern zur professionellen Unterstützung von Integrationsprozessen.

Zielgruppen sind professionelle Anwender aus den Bereichen Personalführung und -entwicklung, Organisationsentwicklung, Erwachsenenbildung, Pädagogik, Supervision und Beratung.

Edgar H. Schein

PROZESSBERATUNG FÜR DIE ORGANISATION DER ZUKUNFT

Der Aufbau einer helfenden Beziehung

ISBN 3-89797-010-4 / 312 Seiten

Ed Schein, Mitbegründer der Organisationsentwicklung, hat die Prozessberatung fit gemacht für das 21. Jahrhundert. Das vorliegende Buch ist schon jetzt ein Klassiker der Organisationsliteratur.

Nach über 40 Jahren internationaler Erfahrung als Berater in großen Unternehmen und mit allen Arten von Klienten und Kundenorganisationen gelingt es Schein, die wichtigsten Grundlagen der Organisationspsychologie in einer verblüffend einfachen Sprache darzustellen und kunstvoll ihren Gegenstand in seiner ganzen Komplexität zu erfassen.

Aus dem Inhalt:

1. Teil (Definition von Prozessberatung): Was ist Prozessberatung? Psychodynamik der helfenden Beziehung, Aktives Fragen als Interventionsmethode, Konzept des Klienten.
2. Teil (Dekodieren verborgener Kräfte und Prozesse): Intrapsychische Prozesse, Kulturelle Regeln von Interaktion und Kommunikation.
3. Teil (Intervention als Lernhilfe): Kommunikation und Feedback, Gruppenprozessinterventionen, Interpersonale Prozesse, Dialog.
4. Teil (Prozessberatung in Aktion): Einstieg, Settings, Methoden und der psychologische Vertrag, Prozessberatung und die helfende Beziehung.

»Ein Standardwerk zur helfenden Beziehung in Coaching, Führung, Teamentwicklung und OE, mit zahlreichen illustrativen Übungen aus der Praxis; für Führungsverantwortliche und Manager und alle Berater, Psychotherapeuten und Ärzte, Coaches und Wissenschaftler, die mit Veränderung und neuen Organisationsformen zu tun haben.«

Mechtild Beucke-Galm / Gerhard Fatzer / Rosemarie Rutrecht (Hg.)

SCHULENTWICKLUNG ALS ORGANISATIONSENTWICKLUNG

ISBN 3-89797-005-8 (Trias-Kompass 2) / 619 Seiten

Der Veränderungsdruck auf Bildungswesen und Schulen führt zu der Einsicht, dass die ›gute Schule‹ eine Investition in unsere Zukunft ist, und Politik und Gesellschaft haben die Notwendigkeit erkannt, die Schule als Organisation ganzheitlich zu entwickeln. Schulentwicklung bedeutet, dass Veränderungsprozesse als System-Lernprozesse gestaltet werden müssen. Zum ersten Mal wird die Übersetzung des Konzepts der ›Fünf Disziplinen‹ auf die Schule geleistet, ›Schule als lernende Organisation‹, ›Schule als dialogische Organisation‹ und ›Schule als lernendes System‹. Fallbeispiele illustrieren die Umsetzungen der Ideen und die jeweiligen Implementierungsformen.